电网建设安全
一本通

DIANWANG JIANSHE ANQUAN

YIBENTONG

刘宏新　主编

中国电力出版社
CHINA ELECTRIC POWER PRESS

内 容 提 要

本书采用问答形式,对电网建设现场的安全注意事项进行了阐述,覆盖输变电工程的各个专业。本书内容简捷、实用,方便携带、方便查询。

本书可供输变电工程现场工作的业主、监理、施工人员以及安全管理人员学习使用,也可作为普及现场作业人员安全知识的培训资料,还适合作为现场安全工作人员参考的查询资料。

图书在版编目(CIP)数据

电网建设安全一本通 / 刘宏新主编. —北京:中国电力出版社,2017.12(2020.11重印)
ISBN 978-7-5198-1476-2

Ⅰ.①电… Ⅱ.①刘… Ⅲ.①电网–工程施工–安全管理–问题解答 Ⅳ.①TM08–44

中国版本图书馆 CIP 数据核字(2017)第 291659 号

出版发行:中国电力出版社
地　　址:北京市东城区北京站西街 19 号 (邮政编码 100005)
网　　址:http://www.cepp.sgcc.com.cn
责任编辑:崔素媛(cuisuyuan@gmail.com)
责任校对:朱丽芳
装帧设计:张俊霞　赵姗姗
责任印制:杨晓东

印　　刷:北京天宇星印刷厂
版　　次:2017 年 12 月第一版
印　　次:2020 年 11 月北京第三次印刷
开　　本:880 毫米×1230 毫米　32 开本
印　　张:6.25
字　　数:158 千字
印　　数:4501—5500 册
定　　价:38.00 元

编　委　会

前　言

　　每一个安全事故的教训都是惨痛的；每一个安全事故的发生都有其必然性和偶然性；每一个安全事故轻则造成经济损失，重则危及生命。本书旨在提高电力企业员工的安全意识和安全技能，规范安全管理行为，推动安全管理水平的提升，对电力基层员工进行安全科普教育。

　　本书采用问答形式，选取电网建设中常见的和容易发生事故的安全问题进行分析，对电网建设现场的安全注意事项进行了阐述，紧贴基层工作，以消除基层安全工作的薄弱环节，使广大电力企业员工了解电网建设的基本知识，达到建设电网安全生产的目的。内容简捷、实用，力求成为电网建设人员最为实用的工具书。可用于现场工作资料查询，也可作为培训资料。

　　本书从输变电工程建设安全管理过程中的通用要求、变电站建筑部分、电气安装部分、架空线路部分和电缆部分的常见易发问题入手，分别对安全管理中注意事项、规范标准等进行了阐述。

　　本书编委会和编写组由国网山西省电力公司具有丰富管理知识和实践经验的人员组成。本书共五章，第一章第一节由王晓亮、李玉清编写，第一章第二节由樊荣编写，第一章第三节由李玉清编写，第二章第一、二节由郭利军、张英华编写，第二章第三、四、五、六节由郭利军编写，第二章第七节由郭宏伟编写，第三章由王晋权编写，第四章第一节由王文北编写，第四章第二节由杜卫东编写，第四章第三、四节由史建伟编写，第五章第一、二节由贾春俊编写，

第五章第三、四、五节由杜卫东编写。

　　本书是否满足现场工作要求，有待实践的检验，欢迎查阅此书的读者提出宝贵意见和建议。由于编者水平有限，书中难免有错误或缺陷，希望各位读者予以批评指正。

编　者

2017 年 12 月

目　录

11

第一章 通用安全技术

第一节 施 工 现 场

1. 进入施工现场有哪些权利?

答:(1)有获得签订劳动合同、享有工伤保险的权利。

(2)有接受安全生产教育培训的权利。

(3)有获得国家规定的劳动防护用品的权利。

(4)有了解施工现场及工作岗位存在的危险因素、防范措施及施工应急措施的权利。

(5)有安全生产的建议权和及时撤离危险场所的权利。

(6)有对违章指挥和强令冒险作业的拒绝权。

(7)有对安全生产工作提出批评、检举、控告的权利。

(8)在施工中发生危及人身安全的紧急情况时,有权立即停止作业或者在采取必要的应急措施后撤离危险区域。

(9)发生事故时,有获得及时救治、工伤保险的权利。

2. 进入施工现场有哪些义务?

答:(1)有履行劳动合同、反思事故教训和提高安全意识的义务。

(2)有掌握本职工作所必需的安全知识和技能的义务。

(3)有正确佩戴和使用劳动防护用品的义务。

(4)有相互关心、帮助他人了解安全生产状况的义务。

(5)有听从他人合理建议和服从现场统一指挥的义务。

(6)有遵章守纪、不违章作业、服从正确管理的义务。

(7)有接受管理人员及相关部门真诚批评、善意劝告、合理处分的义务。

(8)有及时向本单位或项目部安全生产管理人员或主要负责

人报告安全隐患或其他不安全因素的义务。

3. 从业人员发现安全事故隐患该怎么办？

答：从业人员发现事故隐患或者其他不安全因素，应当立即向现场安全生产管理人员或者本单位负责人报告。接到报告的人员应当及时予以处理。

4. 从业人员不服从安全管理有什么后果？

答：《中华人民共和国安全生产法》（中华人民共和国主席令第七十号）规定，生产经营单位的从业人员不服从管理，违反安全生产规章制度或者操作规程的，由生产经营单位给予批评教育，依照有关规章制度给予处分。造成重大事故，构成犯罪的，依照刑法有关规定追究刑事责任。

5. 哪些属于特种作业人员？

答：《特种作业人员安全技术培训考核管理规定》（国家安全生产监督管理总局令 2010 年第 30 号）指出，所谓特种作业，是指容易发生事故，对操作者本人、他人的安全健康及设备、设施的安全可能造成重大危害的作业。特种作业的范围由特种作业目录规定。

特种作业目录如下（节选）：

（1）电工作业

指对电气设备进行运行、维护、安装、检修、改造、施工、调试等作业（不含电力系统进网作业）。

1）高压电工作业：指对 1 千伏（kV）及以上的高压电气设备进行运行、维护、安装、检修、改造、施工、调试、试验及绝缘工器具进行试验的作业。

2）低压电工作业：指对 1 千伏（kV）以下的低压电气设备进行安装、调试、运行操作、维护、检修、改造施工和试验的作业。

3）防爆电气作业：指对各种防爆电气设备进行安装、检修、维护的作业。适用于除煤矿井下以外的防爆电气作业。

（2）焊接与热切割作业

指运用焊接或者热切割方法对材料进行加工的作业（不含《特种设备安全监察条例》规定的有关作业）。

1）熔化焊接与热切割作业：指使用局部加热的方法将连接处的金属或其他材料加热至熔化状态而完成焊接与切割的作业。

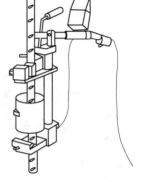

适用于气焊与气割、焊条电弧焊与碳弧气刨、埋弧焊、气体保护焊、等离子弧焊、电渣焊、电子束焊、激光焊、氧熔剂切割、激光切割、等离子切割等作业。

2）压力焊作业：指利用焊接时施加一定压力而完成的焊接作业。（见图1-1）。

图1-1　压力焊示意图

适用于电阻焊、气压焊、爆炸焊、摩擦焊、冷压焊、超声波焊、锻焊等作业。

3）钎焊作业：指使用比母材熔点低的材料作钎料，将焊件和钎料加热到高于钎料熔点，但低于母材熔点的温度，利用液态钎料润湿母材，填充接头间隙并与母材相互扩散而实现连接焊件的作业。

适用于火焰钎焊作业、电阻钎焊作业、感应钎焊作业、浸渍钎焊作业、炉中钎焊作业，不包括烙铁钎焊作业。

（3）高处作业

指专门或经常在坠落高度基准面2m及以上有可能坠落的高处进行的作业。

1）登高架设作业：指在高处从事脚手架、跨越架架设或拆除的作业。

2）高处安装、维护、拆除作业：指在高处从事安装、维护、拆除的作业。

适用于利用专用设备进行建筑物内外装饰、清洁、装修，电力、电信等线路架设，高处管道架设，小型空调高处安装、维修，各种设备设施与户外广告设施的安装、检修、维护以及在高处从事建筑物、设备设施拆除作业。

6. 特种作业人员的上岗要求是什么？

答：特种作业人员必须经专门的安全技术培训并考核合格，取得《中华人民共和国特种作业操作证》（见图 1—2）后，方可上岗作业。

其中与电力工程密切相关主要有：电工作业、焊接与热切割作业、高处作业、起重作业、架子工等。

图 1—2　特种人员资格证

特种作业人员、特种设备作业人员应按照国家有关规定，取得相应资格，并按期复审。

7. 特种作业操作证有效期是多长？

答：《国家安全生产监督管理总局令》2010 年第 30 号《特种作业人员安全技术培训考核管理规定》中指出：

特种作业操作证有效期为 6 年，在全国范围内有效。

特种作业操作证由安全监管总局统一式样、标准及编号。

特种作业操作证每 3 年复审 1 次。特种作业人员在特种作业操作证有效期内，连续从事本工种 10 年以上，严格遵守有关安全生产法律法规的，经原考核发证机关或者从业所在地考核发证机关同意，特种作业操作证的复审时间可以延长至每 6 年 1 次。

8. 相关作业的安全防护有哪些要求?

答:(1)从事高处作业的施工人员应佩戴安全带,在杆塔上高处作业的施工人员宜(全高超过80m杆塔)佩戴全方位防冲击安全带。在垂直攀登过程中的施工人员应配备攀登自锁器,高处短距离垂直移动或水平移动应配备速差自控器、二道防护绳和水平安全绳。

(2)近电作业的施工人员应配备绝缘鞋、绝缘手套。从事高压电气作业的施工人员应配备相应等级的绝缘鞋、绝缘手套和有色防护眼镜,必要时配备防静电服(屏蔽服)。从事手持电动工具作业的施工人员应配备绝缘鞋、绝缘手套和防护眼镜。

(3)从事焊接、气割作业的施工人员应配备阻燃防护服、绝缘鞋、绝缘手套、防护面罩、防护眼镜。在高处进行焊接、气割作业时,应配备安全帽与面罩连接式焊接防护面罩和阻燃安全带。

(4)在有尘毒危害环境下作业的施工人员应配备防毒面具(或正压式空气呼吸器)、防尘口罩、密闭式防护眼镜和防护手套。

9. 进入施工现场有哪些安全注意事项?

答:进入施工现场的人员要正确佩戴安全帽,根据作业工种或场所需要选配个体防护装备。施工作业人员不得穿拖鞋、凉鞋、高跟鞋,以及穿短裤、裙子等进入施工现场。酒后不得进入施工现场。与施工无关的人员不得进入施工现场。

10. 施工现场应有哪些保证安全的措施?

答:(1)施工现场及周围的悬崖、陡坡、深坑、高压带电区等危险场所均要设可靠的防护设施及安全标志。

(2)坑、沟、孔洞等均敷设符合安全要求的盖板或可靠的围栏、挡板及安全标志如图1-3所示。

(3)危险场所夜间要设警示灯。

图1-3 洞口防护

（4）工作场所配备应急医疗用品和器材等，并定期检查确保其在有效期限内。

11. 施工现场安全布置"四有四必"是什么？

答：施工现场安全布置应做到：有台必有栏。有洞必有盖。有轴必有套。有轮必有罩。

12. 施工现场"五严禁"是什么？

答：（1）严禁在禁火区域吸烟、动火。

（2）严禁在上岗前和工作时间饮酒。

（3）严禁擅自移动或拆除安全装置和安全标志。

（4）严禁擅自触摸与己无关的设备、设施。

（5）严禁在工作时间串岗、离岗、睡岗或嬉戏打闹。

13. 施工人员进入施工区域应怎样进行安全防护？

答：（1）作业人员进入施工现场应正确佩戴安全帽，穿工作鞋和工作服。

（2）从事防水、防腐和油漆作业的施工人员应配备防毒面罩、防护手套和防护眼镜。

（3）从事坑井、深沟下作业的施工人员应配备雨靴、手套、保安照明等或手电、安全绳。从事混凝土浇筑、振捣作业的施工人员应配备胶鞋（或绝缘鞋）和手套（或绝缘手套）。

（4）从事水上运输或跨越江河、湖泊架线作业的施工人员应配备救生衣。

（5）冬季施工期间或作业环境温度较低时，应为作业人员配备防寒类防护用品。雨期施工应为室外作业人员配备雨衣、雨鞋等防护用品。

施工现场安全标识如图1-4所示。

图1-4　施工现场安全标识

14. 在生产区域怎样行走才安全呢？

答：（1）在指定的安全通道上行走。

（2）横穿通道时，看清左右两边确认无车辆行驶时才可以通行。

（3）禁止在正进行吊装作业的设施下行走。

（4）不准在吊运物件下通行或停留。

（5）不得进入挂有"禁止通行"或设有危险警示等标志的区域。

（6）禁止在设备、设施或传送带上传递物品。

（7）在沾有水或油的地面或楼梯上行走时要特别注意防滑跌倒。

15. 车辆在施工现场行驶有哪些安全要求？

答：现场要在显著位置设限速标志、设交通指示标志，在危险区段设"危险"或"禁止通行"等安全标志，夜间应设警示灯，场地狭小、运输繁忙的地点设临时交通指挥。机动车辆一般限速在15km/h。

特殊地点、路段或遇到特殊情况时的行驶速度限速在 5km/h。

16. 施工临时建筑入住前基本安全检查内容有哪些？

答：入住前要检查金属房外壳（皮）是否可靠接地（见图 1–5）。检查房内电线是否采用橡胶线且用绝缘瓷件固定。检查照明用灯是否采用防水瓷灯具。检查进房线孔是否加防磨线措施。检查房外电源箱内是否装配有电源开关、剩余电流动作保护装置（漏电保护器）、熔断器。检查临建区是否配有足够的消防器材（见图 1–6）。

图 1–5　金属房外壳接地　　　　图 1–6　配备足够的消防器材

17. 怎样安全存放易燃、易爆及有毒物品？

答：储存易燃易爆有毒有害物品的仓库是防火重点部位，严禁吸烟，严禁烟火，且必须与普通仓库隔离，隔离距离满足规定要求。仓库门向外开，容器密封保存，醒目处设置"有毒有害"标志，若你是仓库保管员，就得做到"三懂三会"，即：懂本岗位火灾危险性，懂预防火灾的措施，懂扑救火灾的方法，会报警，会使用消防器材，会扑救初期火灾。

18. 材料的堆放和保管有哪些安全要求？

答：材料、设备在规定的地点堆放整齐，符合消防及搬运的要求。场地平坦、不积水，地基坚实。与围栏或建筑物的墙壁留有 0.5m

以上的间距。露天存放的材料、设备要设置支垫，做好防火、防潮措施。建筑材料堆高要符合表 1–1。

表 1–1　　　　　　　　建筑材料堆高限度

材料名称	堆高限度	注意事项
铁桶、管材	1m	两边设立柱，层间可加垫
成材	4m	每隔 0.5m 高度加横木
砖	2m	堆放整齐、稳固
水泥	12 袋	地面应架空垫起不小于 0.3m
材料箱、筒	横卧 3 层、立放 2 层	层间应加垫，两边设立柱
袋装材料	1.5m	堆放整齐、稳固

19. 怎样安全保管与堆放电气设备？

答： 电气设备要分类存放，放置稳固、整齐（见图 1–7）。瓷质材料拆箱后，单层排列整齐，不要堆放，防止互相碰撞。绝缘材料的库房要防火、防潮。重心较高的电气设备在存放时要防止其倾倒。

图 1–7　电气设备分类存放、稳固整齐

20. 施工用变压器有哪些安全规定？

答： 在支柱上安装的变压器，支柱上变压器的底部距地面不小于 2.5m。在地面平台上安装的变压器，平台要高出地面 0.5m，平台四周装设的围栏不低于 1.8m。在围栏各侧的明显部位悬挂"止步，高压危险！"的安全标志。变压器中性点及外壳接地良好、连接可靠，接地电阻符合要求（见图 1-8）。

图 1-8　施工用配电变压器安装

21. 施工用配电箱有哪些安全注意事项?

答: 配电系统设总配电箱（配电柜）、分配电箱、开关箱三级配电。配电箱、开关箱内装设剩余电流动作保护器。配电箱金属外壳接地或接零良好，有防火、防雨功能，箱内配线色相清楚绝缘良好。导线端头制作规范，连接牢固。

22. 现场直埋电缆有哪些基本注意事项?

答: 现场直埋电缆的走向要按照施工总平面布置的规定埋设，沿主路或固定建筑物等的边缘直线埋设，埋深不小于 0.7m，在电缆紧邻四周均匀敷设不小于 50mm 的厚的细砂，然后覆盖砖或混凝土板等硬质保护层，转弯处和大于或等于 50m 的直线段处，在地面上设明显的标志。通过道路要用保护管套住。

23. 施工用电时有哪些基本注意事项？

答：用电线路和电气设备的绝缘良好、布线整齐，电源引线长度不能大于 5m，大于 5m 时要用移动开关箱。移动开关箱和固定式配电箱之间的引线要用绝缘护套软电缆，长度不超过 40m。电动机械或电动工具按"一机一开关一保护"配置。开关及熔断器上口接电源，下口接负荷。

24. 施工现场布置用电设施时要满足哪些基本要求？

答：（1）施工现场临时用电应采用三相五线制标准布设。施工用电设备在 5 台以上或设备总容量在 50kW 以上时，应编制安全用电专项施工组织设计。施工用电设备在 5 台以下或设备总容量在 50kW 以下时，在施工组织设计中应有施工用电专篇，明确安全用电和防火措施。

（2）现场生活、办公、施工临时用电系统应实施有效的安全用电和防火措施。

（3）低压架空线路不得采用裸线，架设高度不得低于 2.5m；交通要道及车辆通行处，架设高度不得低于 5m。直埋电缆的走向应按施工总平面布置图的规定，沿主道路或固定建筑物等的边缘直线埋设，埋深不得小于 0.7m，转弯处和大于或等于 50m 直线段处，在地面上设明显的标志，通过道路时应采用保护套管。

（4）各级配电箱装设应端正、牢固、防雨、防尘，并加锁，设置安全警示标志，总配电箱和分配电箱附近配备消防器材。

（5）总配电箱、开关箱内应配置漏电保护器。配电箱内应配有接线示意图和定期检查表，由专业电工负责定期检查、记录。电源线、重复接地线、保护零线应连接可靠。

25. 施工现场照明线路有哪些基本安全要求？

答：照明线路敷设用绝缘槽板、线管或绝缘子固定，远离热源，不能直接绑在金属构件上，穿墙时套绝缘套管，管、槽内的电源线不得有接头，并经常检查、维修。照明灯具的悬挂高度应在 2.5m 以上，低于 2.5m 时要设保护罩。照明装置采用金属支架时，支架要稳固，并接地或接零。

26. 施工现场对行灯的使用有哪些安全要求？

答：行灯的电压不超过 36V，潮湿场所、金属容器或管道内的行灯电压不超过12V。行灯要有保护罩，行灯电源线使用绝缘护套软电缆。

27. 施工现场的消防设施有哪些？

答：严禁在办公室、工具房、休息室、宿舍等房屋内存放易燃、易爆物品。易燃易爆物品、仓库、宿舍、加工区、配电箱及重要机械设备附近，按规定配备灭火器、砂箱、水桶、斧、锹等消防器材，并放在明显、易取处。消防器材应使用标准的架、箱，应有防雨、防晒措施，每月检查并记录检查结果，定期检验，保证处于合格状态（见图1-9）。

图1-9 消防器材栏

28. 施工现场最常见的设备不安全状况有哪些？

答：（1）无安全措施的开关箱。

（2）不合格的接地体材料。

（3）不符合规范规定的接地体方式。

（4）变电设备周围随意堆放易燃物品。

（5）安全护栏未安装挡脚板。

（6）水平扶绳设置不规范。

（7）施工通道未安装防护栏杆。

（8）孔洞盖板不规范。

（9）探头板未绑扎。

（10）脚手架无剪刀撑。

（11）起重钢绳已断股变形依然在使用。

（12）起重机械无限位装置。

（13）小型机具无护罩。

（14）氧气瓶摆放不规范。

（15）未正确使用绳卡。

（16）钢绳插接长度不符合规范要求。

29. 施工中最常见的管理及环境上的不安全因素有哪些？

答：（1）油料随意摆放。

（2）易燃品与其他建筑材料混放。

（3）废弃材料随处堆放。

（4）拆箱板、拆模板未及时清理。

（5）施工现场平面布置不合理。

30. 施工现场对特殊作业有什么安全要求？

答：（1）高处作业人员在作业全过程中不得失去保护，并有防止工具和材料坠落的措施。高处作业区附近有带电体时，应与带电体保持一定的安全距离，并设置提醒和警示标志，按要求设置专人监护。

（2）进行上下交叉或多人在一处作业时，施工人员应采取相应的、有效的防高处落物、防人员坠落、防碰撞措施，并相互照应，密切配合。

（3）起重作业中，施工人员不得进入起重臂、抱杆及吊件垂直下方、受力钢丝绳内角侧，应正确使用起重工器具，不得"以小代大"。在施工机械附近作业时，施工人员不得在机械作业半径内逗留、行走或工作。

（4）停电作业时，施工人员在未接到停电许可工作命令前，严禁接近带电体。在接到停电许可工作命令后，原带电体经验电确认无电压、挂接工作接地线后，施工人员方可进行停电作业。工作接地线一经拆除，原带电体即视为带电，严禁施工人员靠近作业。

（5）施工用电设施应由专业电工操作、维护管理，布设时应由专业电工指导监督，严禁私拉乱接。

（6）车辆运输作业，车况应良好。严禁无证和酒后驾驶。严禁超速、超重运输，载物应捆绑牢固，严禁人货混装和自卸车载人。

31. 施工现场对环境保护有什么要求？

答：（1）严格遵守国家工程建设节地、节能、节水、节材和保护环境法律法规，倡导绿色施工，尽力减少施工对环境的影响。

1）尽可能少占耕（林）地等自然资源，严格控制基面开挖，严禁随意弃土，施工后尽可能恢复植被。

2）导地线展放作业尽可能采用空中展放导引绳技术，减少对跨越物的损害。

3）采取措施控制施工中的噪声与振动，降低噪声污染。

（2）施工现场应尽力保持地表原貌，减少水土流失，避免造成深坑或新的冲沟，防止发生环境影响事件。

1）砂石、水泥等施工材料应采用彩条布铺垫，做到"工完、料尽、场地清"，现场设置废料垃圾分类回收箱。

2）混凝土搅拌和灌注桩施工应设置沉淀池，有组织收集泥浆等废水，废水不得直接排入农田、池塘。

3）对易产生扬尘污染的物料实施遮盖、封闭等措施，减少灰尘对大气的污染。

32. 怎样正确佩戴安全帽？

答：安全帽的佩戴要符合标准，使用要符合规定。如果佩戴和使用不正确，就起不到充分的防护作用。

（1）戴安全帽前应将帽后调整带按自己头型调整到适合的位置，然后将帽内弹性带系牢。缓冲衬垫的松紧由带子调节，人的头顶和帽体内顶部的空间垂直距离一般在 25～50mm，至少不要小于32mm 为好。这样才能保证当遭受到冲击时，帽体有足够的空间可供缓冲，平时也有利于头和帽体间的通风。

（2）不要把安全帽歪戴，也不要把帽沿戴在脑后方。否则，会降低安全帽对于冲击的防护作用。

（3）安全帽的下颌带必须扣在颌下，并系牢，松紧要适度。这样不至于被大风吹掉，或者是被其他障碍物碰掉，或者由于头的前后摆动，使安全帽脱落。

（4）安全帽体顶部除了在帽体内部安装了帽衬外，有的还开了小孔通风。但在使用时不要为了透气而随便再行开孔。因为这样作将会使帽体的强度降低。

（5）由于安全帽在使用过程中，会逐渐损坏。所以要定期检查，检查有没有龟裂、下凹、裂痕和磨损等情况，发现异常现象要立即更换，不准再继续使用。任何受过重击、有裂痕的安全帽，不论有无损坏现象，均应报废。

（6）严禁使用只有下颌带与帽壳连接的安全帽，也就是帽内无缓冲层的安全帽。

（7）新领的安全帽，首先检查是否有劳动部门允许生产的证明及产品合格证，再看是否破损、薄厚不均，缓冲层及调整带和弹性带是否齐全有效。不符合规定要求的立即调换。

（8）无安全帽一律不准进入工作现场。

33. 如何正确使用安全带?

答:（1）安全带（见图 1-10）穿戴好后应仔细检查连接扣或调节扣，确保各处绳扣连接牢固。

图 1-10 正确佩戴安全带

15

（2）在电焊作业或其他有火花、熔融源等场所使用的安全带或安全绳有隔热防磨套。

（3）采用高挂低用的方式。

（4）坠落悬挂安全带的安全绳同主绳的连接点应固定于佩戴者的后背、后腰或胸前。不能将安全绳用作悬吊绳。腰带和护腰带要同时使用。

上挂钩

尼龙绳

壳体
棘轮
钢带
棘爪

钢丝绳

下挂钩

图 1-11　速差自控器

34. 如何正确使用速差自控器？

答：（1）使用前首先检查速差自控器（见图 1-11）的各部件完整无缺、外观平滑。

（2）使用时认真查看速差自控器防护范围及悬挂要求。用手将速差自控器的安全绳（带）进行快速拉出，速差自控器能有效制动并完全回收。

（3）速差自控器系在牢固的物体上，高挂低用。

（4）速差自控器连接在人体前胸或后背的安全带挂点上，移动时缓慢，禁止跳跃。

（5）速差自控器锁止后不能悬挂在安全绳（带）上作业。

（6）当钢丝绳作为速差自控器安全绳使用时直径不应小于 5mm。

35. 如何正确使用攀登自锁器？

答：（1）使用前首先检查自锁器（见图 1-12）各部件完整无缺失，导向轮应转动灵活。

（2）使用时查看自锁器安装箭头，正确安装自锁器。自锁器与安全带之间的连接绳不大于 0.5m，自锁器应连接在人体前胸或后背的安全带挂点上。

（3）在导轨（绳）上手提自锁器，自锁器在导轨（绳）上运行顺滑，不得卡住，突然释放自锁器，自锁器能有效锁止在导轨（绳）上。自锁器锁止不得在导轨（绳）上作业。

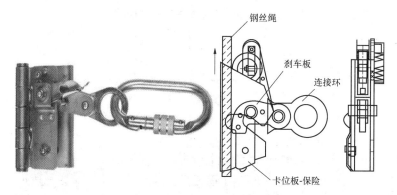

钢丝绳
刹车板
连接环
卡位板-保险

图 1–12　攀登自锁器

36. 如何正确使用安全带缓冲器？

答：（1）使用前检查缓冲器（见图 1–13）所有部件平滑，织带型缓冲器的保护套完整。

（2）缓冲器与安全绳及安全带配套使用时，作业高度要足以容纳安全绳和缓冲器展开的安全坠落空间。

（3）缓冲器不能多个串联使用。

（4）不能把缓冲器与安全带、安全绳连接绑扎使用。

图 1–13　安全带缓冲器

第二节　通　用　作　业

1. 高处作业时有哪些客观因素会引起坠落?

答:（1）阵风风力达到五级（风速 8.0m/s）以上的作业环境。

（2）高温作业。

（3）平均气温等于或低于 5℃的作业环境。

（4）接触冷水温度等于或低于 12℃的作业。

（5）作业场地有冰、雪、霜、水、油等易滑物。

（6）作业场所光线不足，能见度差。

（7）作业活动范围与危险电压带电体的距离小于安全距离。

（8）摆动、立足处不是平面或只有很小的平面，即任一边小于 500mm 的矩形平面、直径小于 500mm 的圆形平面或具有类似尺寸的其他形状的平面，致使作业者无法维持正常姿势。

（9）体力劳动强度大。

（10）存在有毒气体或空气中含氧量低于 19.5%的作业环境。

（11）可能会引起各种灾害事故的作业环境和抢救突然发生的各种灾害事故。

2. 不同高度的物体可能坠落范围半径是多少?

答:高空坠落范围示意图及半径表见图 1-14 和表 1-2。

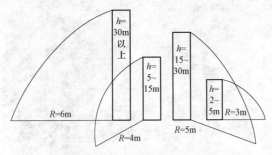

图 1-14　高空坠落半径示意图

表 1–2   高空坠落半径对应表

高度区段 h_w（m）	$2{\leq}h_w{\leq}5$	$5<h_w{\leq}15$	$15<h_w{\leq}30$	$h_w>30$
可能坠落半径（m）	3	4	5	6

3. 高处作业安全防护设施验收资料包括哪些内容？

答：（1）施工组织设计中的安全技术措施或专项方案。

（2）安全防护用品用具产品合格证明。

（3）安全防护设施验收记录。

（4）预埋件隐蔽验收记录。

（5）安全防护设施变更记录及签证。

4. 高处作业安全防护设施验收内容有哪些？

答：（1）防护栏杆立杆、横杆及挡脚板的设置、固定及其连接方式。

（2）攀登与悬空作业时的上下通道、防护栏杆等各类设施的搭设。

（3）操作平台及平台防护设施的搭设。

（4）防护棚的搭设。

（5）安全网的设置情况。

（6）安全防护设施构件、设备的性能与质量。

（7）防火设施的配备。

（8）各类设施所用的材料、配件的规格及材质。

（9）设施的节点构造及其与建筑物的固定情况，扣件和连接件的紧固程度。

5. 洞口边作业，防坠落措施有哪些注意事项？

答：（1）当垂直洞口短边边长小于 500mm 时，应采取封堵措施。当垂直洞口短边边长大于或等于 500mm 时，应在临空一侧设置高度不小于 1.2m 的防护栏杆，并应采用密目式安全立网或工具式栏板封闭，设置挡脚板。

（2）当非垂直洞口短边尺寸为 25～500mm 时，应采用承载力满足使用要求的盖板覆盖，盖板四周搁置应均衡，且应防止盖板移位。

（3）当非垂直洞口短边边长为 500～1500 mm 时，应采用专项设计盖板（见图 1-15）覆盖，并应采取固定措施。

（4）当非垂直洞口短边长大于或等于 1500mm 时，应在洞口作业侧设置高度不小于 1.2m 的防护栏杆，并应采用密目式安全立网或工具式栏板封闭。洞口应采用安全平网封闭（见图 1-16）。

图 1-15　孔洞盖板

图 1-16　孔洞防护

6. 临边作业的防护栏杆有哪些要求？

答：（1）临边防护栏杆（见图 1-17）应由横杆、立杆及不低于 180 mm 高的挡脚板组成。

（2）防护栏杆应为两道横杆，上杆距地面高度应为 1.2m，下杆应在上杆和挡脚板中间设置。当防护栏杆高度大于 1.2m 时，应增设横杆，横杆间距不应大于 600 mm。

图 1-17　防护栏杆示意图

（3）防护栏杆立杆间距不应大于 2m。

（4）防护栏杆立杆底端应固定牢固。① 当在基坑四周土体上固定时，应采用预埋或打入方式固定。② 当基坑周边采用板桩时，如用钢管做立杆，钢管立杆应设置在板桩外侧。③ 当采用木立杆时，预埋件应与木杆件连接牢固。

（5）防护栏杆杆件的规格及连接方式。① 当采用钢管作为防护栏杆杆件时，横杆及栏杆立杆应采用脚手钢管，并应采用扣件、焊接、定型套管等方式进行连接固定。② 当采用原木作为防护栏杆杆件时，杉木杆稍径不应小于 80mm，红松、落叶松稍径不应小于 70 mm。栏杆立杆木杆稍径不应小于 70mm，并应采用 8 号镀锌铁丝或回火铁丝进行绑扎，绑扎应牢固紧密，不得出现泻滑现象。用过的铁丝不得重复使用。③ 当采用其他型材作防护栏杆杆件时，应选用与脚手钢管材质强度相当规格的材料，并应采用螺栓、销轴或焊接等方式进行连接固定。

7. 各类型构件吊装时的悬空作业有哪些注意事项？

答：（1）钢结构吊装，构件宜在地面组装，安全设施应一并设置。吊装时，应在作业层下方设置一道水平安全网。

（2）吊装钢筋混凝土屋架、梁、柱等大型构件前，应在构件上预先设置登高通道、操作立足点等安全设施。

（3）在高空安装大模板、吊装第一块预制构件或单独的大中型预制构件时，应站在作业平台上操作。

（4）当吊装作业利用吊车梁等构件作为水平通道时，临空面的一侧应设置连续的栏杆等防护措施。当采用钢索做安全绳时，钢索的一端应采用花兰螺栓收紧。当采用钢丝绳做安全绳时，绳的自然下垂度不应大于绳长的 1/20，并应控制在 100mm 以内。

（5）钢结构安装施工宜在施工层搭设水平通道，水平通道两侧应设置防护栏杆，当利用钢梁作为水平通道时，应在钢梁一侧设置连续的安全绳，安全绳宜采用钢丝绳。

（6）钢结构安装施工的安全防护设施宜采用标准化、定型化产品。

8. 落地式操作平台的架体构造应符合哪些规定？

答：（1）落地式操作平台的面积不应超过 10m²，高度不应超过

15m，高宽比不应大于 2.5:1。

（2）施工平台的施工荷载不应超过 2.0kN/m²，接料平台的施工荷载不应超过 3.0kN/m²。

（3）落地式操作平台应独立设置，并应与建筑物进行刚性连接，不得与脚手架连接。

（4）用脚手架搭设落地式操作平台时，其结构构造应符合相关脚手架规范的规定，在立杆下部设置底座或垫板、纵向与横向扫地杆，在外立面设置剪刀撑或斜撑。

（5）落地式操作平台应从底层第一步水平杆起逐层设置连墙件且间隔不应大于 4m，同时应设置水平剪刀撑。连墙件应采用可承受拉力和压力的构造，并应与建筑结构可靠连接（见图 1-18）。

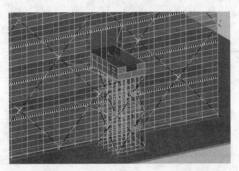

图 1-18　落地式操作平台示意图

9. 落地式操作平台检查与验收有哪些基本规定？

答：（1）搭设操作平台的钢管和扣件应有产品合格证。

（2）搭设前应对基础进行检查验收，搭设中应随施工进度按结构层对操作平台进行检查验收。

（3）遇 6 级以上大风、雷雨、大雪等恶劣天气及停用超过一个月恢复，使用前应进行检查。

（4）操作平台使用中，应定期进行检查。

10. 悬挑式操作平台的设置应符合哪些规定？

答：（1）悬挑式操作平台的搁置点、拉结点、支撑点应设置在主体结构上，且应可靠连接（见图 1-19）。

（2）未经专项设计的临时设施上，不得设置悬挑式操作平台。

（3）悬挑式操作平台的结构应稳定可靠，且其承载力应符合使用要求。

图 1-19 悬挑式操作平台示意图

11. 安全平（立）网的标识包括哪些内容？

答：安全平（立）网的标识由永久标识和产品说明书组成。

（1）平（立）网的永久标识包括：标准号，产品合格证，产品名称及分类标记，制造商名称、地址，生产日期，其他国家有关法律法规所规定必须具备的标记或标志。

（2）说明书包括但不限于以下内容（制造商应在产品的最小包装内提供产品说明书）：平（立）网安装、使用及拆除的注意事项。储存、维护及检查。使用期限。在何种情况下应停止使用。安全网标识如图 1-20 所示。

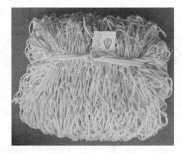

图 1-20 安全网

12. 安全网的用途是什么？

答：安全网是用来防止人、物坠落，或用来避免、减轻坠落及物击伤害的网具。一般由网体、边绳、系绳等组成。按功能分为安全平网、安全立网及密目式安全立网。

（1）安全平网是安装平面不垂直于水平面，用来防止人、物坠落，或用来避免、减轻坠落及物击伤害的安全网，简称为平网（见图1-21）。

（2）安全立网是安装平面垂直于水平面，用来防止人、物坠落，或用来避免、减轻坠落及物击伤害的安全网，简称为立网（见图1-22）。

图 1-21　安全平网　　　　　图 1-22　安全立网

（3）密目式安全立网（见图1-23）是网眼孔径不大于12mm，垂直于水平面安装，用于阻挡人员、视线、自然风、飞溅及失控小物体的网，简称为密目网。一般由网体、开眼环扣、边绳和附加系绳组成。它又分为A级和B级密目式安全立网。

1）A级密目式安全立网是在有坠落风险的场所使用的密目式安全立网，简称为A级密目网。

2）B级密目式安全立网是在没有坠落风险或配合安全立网（护栏）完成坠落保护功能的密目式安全立网，简称为B级密目网。

图 1–23 密目式安全立网

13. 吊篮的检查、操作、维护有哪些基本要求？

答：（1）检查。① 吊篮应经专业人员安装调试，并进行空载运行试验合格。操作系统、上限位装置、提升机、手动滑降装置、安全锁动作等均应灵活、安全可靠方可使用。② 吊篮投入运行后，应按照使用说明书要求定期全面检查，并做好记录。

（2）操作。① 吊篮的操作人员应经过培训，合格后并取得有效的证明方可进行操作。② 有架空输电线场所，吊篮的任何部位与输电线的安全距离不应小于 10m。如果条件限制，应与有关部门协商，并采取安全防护措施后方可架设。③ 每天工作前应经过安全检查员核实配重和检查悬挂机构。④ 每天工作前应进行空载运行，以确认设备处于正常状态。⑤ 吊篮上的操作人员应配置独立于悬吊平台的安全绳及安全带或其他安全装置，应严格遵守操作规程。⑥ 吊篮严禁超载或带故障使用。⑦ 吊篮在正常使用时，严禁使用安全锁制动。⑧ 利用吊篮进行电焊作业时，严禁用吊篮做电焊接线回路，吊篮内严禁放置氧气瓶、乙炔瓶等易燃易爆品。

（3）维护。① 吊篮应按使用说明书要求进行检查、测试、维护。② 随行电缆损坏或有明显擦伤时，应立即维护和更换。③ 控制线路和各种电器元件，动力线路的接触器应保持干燥、无灰尘污染。④ 钢丝绳不得折弯，不得沾有砂浆杂物等。⑤ 定期检查安全锁，提升机若发生异常温升和声响，应立即停止使用。⑥ 除非测试、检查和维修需要，任何人不得使安全装置或电器保护装置失效。在完成测试、检查和维修后，应立即将这些装置恢复到正常状态。

吊篮如图 1–24 所示。

图 1–24　吊篮

14. 钢筋、模板、混凝土施工时的悬空作业有哪些基本规定？

答：（1）模板支撑体系搭设和拆除时的悬空作业应符合：① 模板支撑应按规定的程序进行，不得在连接件和支撑件上攀登上下，不得在上下同一垂直面上装拆模板。② 在 2m 以上高处搭设与拆除柱模及悬挑式模板时，应设置操作平台。③ 在进行高处拆模作业时应配置登高用具或搭设支架。

（2）绑扎钢筋和预应力张拉时的悬空作业应符合：① 绑扎立柱和墙体钢筋，不得站在钢筋骨架上或攀登骨架。② 在 2m 以上的高处绑扎柱钢筋时，应搭设操作平台。③ 在高处进行预应力张拉时，应搭设有防护栏板的操作平台。

（3）混凝土浇筑与结构施工时的悬空作业应符合：① 浇筑高度 2m 以上的混凝土结构构件时，应设置脚手架或操作平台。② 悬挑的混凝土梁、檐、外墙和边柱等结构施工时，应搭设脚手架或操作平台，并应设置防护栏杆，采用密目式安全立网封闭。

15. 什么是交叉作业？

答：在施工现场的垂直空间呈贯通状态下，凡有可能造成人员或物体坠落的，并处于坠落半径范围内的，上下左右不同层面的立体作业。

16. 哪些情况下需要搭设安全防护棚？

答：（1）施工现场立体交叉作业时，下层作业的位置应处于坠落半径之外（模板、脚手架等拆除作业应适当增大坠落半径），当达不到规定时，应设置安全防护棚，下方应设置警戒隔离区。

（2）施工现场人员进出的通道口应搭设防护棚，见图1-25。

（3）处于起重设备的起重机臂回转范围之内的通道，顶部应搭设防护棚。

（4）操作平台内侧通道的上下方应设置阻挡物体坠落的隔离防护措施。

图1-25 安全通道

17. 有限空间作业应当满足哪些安全条件？

答：（1）配备符合要求的通风设备、个人防护用品、检测设备、照明设备、通信设备、应急救援设备。

（2）应用具有报警装置并经检定合格的检测设备对准入的有限空间进行检测评价，检测、采样方法按相关规范执行，检测顺序及项目应包括：① 测氧含量，正常时氧含量为18%～22%。② 测爆，有限空间空气中可燃性气体浓度应低于爆炸下限的10%，对油箱、油罐的检修，空气中可燃性气体的浓度应低于爆炸下限的1%。③ 测有毒气体，有毒气体的浓度须低于规定要求。

（3）当有限空间内存在可燃性气体和粉尘时，所使用的器具应达到防爆的要求。

（4）所有准入者、监护者、作业负责人、应急救援服务人员须经培训考试合格。

18. 有害气体安全防护设施有哪些?

答: (1) 在存在有害气体的室内或容器内工作,深基坑、地下隧道和洞室等,应装设和使用强制通风装置,配备必要的气体监测装置。人员进入前进行检测,并正确佩戴和使用防毒、防尘面具。

(2) 地下穿越作业应设置爬梯,通风、排水、照明、消防设施应与作业进展同步布设。施工用电应采用铠装线缆,或采用普通线缆架空布设。

19. 有限空间作业负责单位的安全职责包括哪些?

答: (1) 制定有限空间作业职业病危害防护控制计划、有限空间作业准入程序和安全作业规程,并对相关人员进行交底,按照计划、程序和规程组织、实施有限空间作业。

(2) 确定并明确有限空间作业负责人、准入者和监护者及其职责。

(3) 在有限空间外设置警示标识,告知有限空间的位置和所存在的危害。

(4) 提供有关的职业安全卫生培训。

(5) 当实施有限空间作业前,对有限空间可能存在的职业病危害进行识别、评估,以确定该有限空间是否可以准入并作业。

(6) 采取有效措施,防止未经允许的劳动者进入有限空间。

(7) 提供合格的有限空间作业安全防护设施与个体防护用品及报警仪器。

(8) 提供应急救援保障。认真做好有限空间作业人员的安全教育和培训;制定、完善有限空间休息室安全管理制度并严格执行;制定应急预案,配备应急器材,遇险时科学施救;使用专业检测仪进行检测。

20. 一般缺氧危险作业中的安全要求有哪些?

答: (1) 作业前。① 当从事具有缺氧危险的作业时,按照先检测后作业的原则,在作业开始前,必须准确测定作业场空气中的氧含量,并记录:测定日期、测定时间、测定地点、测定方法和仪器、测定时的现场条件、测定次数、测定结果、测定人员和记录人员。在准确测定氧含量前,严禁进入该作业场所。② 根据测定结果采取相应措施，并记录所采取措施的要点及效果。

（2）作业中。在作业进行中应监测作业场所空气中氧含量的变化并随时采取必要措施。在氧含量可能发生变化的作业中应保持必要的测定次数或连续监测。

21. 一般缺氧危险作业的主要安全防护措施有哪些？

答：（1）监测人员必须装备准确可靠的分析仪器，并且应定期标定、维护，仪器的标定和维护应符合相关国家标准的要求。

（2）在已确定为缺氧作业环境的作业场所，必须采取充分的通风换气措施，使该环境空气中氧含量在作业过程中始终保持在 0.195 以上。严禁用纯氧进行通风换气。

（3）作业人员必须配备并使用空气呼吸器或软管面具等隔离式呼吸保护器具（见图 1-26）。严禁使用过滤式面具。

图 1-26 缺氧危险作业安全防护示意

（4）当存在因缺氧而坠落的危险时，作业人员必须使用安全带（绳），并在适当位置可靠地安装必要的安全绳网设备。

（5）在每次作业前，必须仔细检查呼吸器具和安全带（绳），发现异常应立即更换，严禁勉强使用。

（6）在作业人员进入缺氧作业场所前和离开时应准确清点人数。

（7）在存在缺氧危险作业时，必须安排监护人员。监护人员应密切监视作业状况，不得离岗。发现异常情况，应及时采取有效的措施。

（8）作业人员与监护人员应事先规定明确的联络信号，并保持有效联络。

（9）如果作业现场的缺氧危险可能影响附近作业场所人员的安全时，应及时通知这些作业场所。

（10）严禁无关人员进入缺氧作业场所，并应在醒目处做好标志。

22. 从业人员对一般缺氧危险作业有哪些应知应会内容？

答：（1）作业负责人：① 与缺氧作业有关的法律法规。② 产生缺氧危险的原因、缺氧症的症状、职业禁忌症、防止措施以及缺氧症的急救知识。③ 防护用品、呼吸保护器具及抢救装置的使用、检查和维护常识。④ 作业场所空气中氧气的浓度及有害物质的测定方法。⑤ 事故应急措施与事故应急预案。

（2）作业人员和监护人员：① 缺氧场所的窒息危险性和安全作业的要求。② 防护用品、呼吸保护器具及抢救装置的使用知识。③ 事故应急措施与事故应急预案。

23. 装运超长、超高或重大物件时应遵守哪些安全规定？

答：（1）物件重心与车厢承重中心应基本一致。

（2）易滚动的物件顺其滚动方向应掩牢并捆绑牢固。

（3）用超长架装载超长物件时，在其尾部应设警告标志。超长架与车厢固定，物件与超长架及车厢应捆绑牢固。押运人员应加强途中检查，捆绑松动应及时加固。超长架转载示意如图 1-27 所示。

图 1-27　超长架装载示意

24. 人力运输和装卸有哪些基本安全规定?

答：（1）人力运输的道路应事先清除障碍物。山区抬运笨重物件或钢筋混凝土电杆的道路，其宽度不宜小于1.2m，坡度不宜大于1:4，如不满足要求，应采取有效的方案作业。

（2）重大物件不得直接用肩扛运。多人抬运时应步调一致，同起同落，并应有人指挥。

（3）运输用的工器具应牢固可靠，每次使用前应进行认真检查。

（4）雨雪后抬运物件时，应有防滑措施。

（5）用跳板或圆木装卸滚动物件时，应用绳索控制物件。物件滚落前方禁止有人。

（6）钢筋混凝土电杆卸车时，车辆不得停在有坡度的路面上。每卸一根，其余电杆应掩牢。每卸完一处，剩余电杆绑扎牢固后方可继续运输。

25. 变压器运输装载时的基本安全要求有哪些?

答：（1）变压器要与承运车辆或船舶的承载重心吻合，遇到无法吻合的，其偏差应控制在车辆或船舶的许可范围内，若超过挂车的集重范围，应使用分载板装载。

（2）变压器与载货平台接触处应铺设橡胶或薄木板等防滑材料。

（3）变压器高压侧朝向要根据卸车就位方案提前考虑变压器装车方向。

（4）电压等级大于或等于110kV的变压器本体，宜全部采取冲氮或冲干燥空气运输。

26. 哪些情况下焊接及切割作业需设置火灾警戒人员?

答：在下列作业点及可能引发火灾的地点焊接或切割的，应设置火灾警戒人员。并且火灾警戒人员必须经必要的消防训练，熟知消防紧急处理程序。负责监视作业区域内的火灾情况，在焊接或切割完成后检查并消灭可能存在的残火。

（1）近易燃物之处，建筑结构或材料中的易燃物距作业点10m以内。

（2）在墙壁或地板有开口的 10m 半径范围内（包括墙壁或地板内的隐蔽空间）放有外露的易燃物。

（3）靠近金属间壁、墙壁、天花板、屋顶等处另一侧易受传热或辐射而引燃的易燃物。

（4）在油箱、甲板、顶架和舱壁进行船上作业时，焊接时透过的火花、热传导可能导致隔壁舱室起火。

27. 氧气乙炔气瓶储存、安放、搬运及使用中有哪些注意事项?

答:（1）气瓶必须储存在不会遭受物理损坏或使气瓶内储存物的温度超过 40℃ 的地方。

（2）气瓶必须储放在远离电梯、楼梯或过道，不会被经过或倾倒的物体碰翻或损坏的指定地点。在储存时，气瓶必须稳固以免翻倒。

（3）气瓶在储存时必须与可燃物、易燃液体隔离，并且远离容易引燃的材料（诸如木材、纸张、包装材料、油脂等）至少 6m 以上，或用至少 1.6m 高的不可燃隔板隔离。

（4）气瓶在使用时必须稳固竖立或装在专用车（架）或固定装置上（见图 1-28）。

（5）气瓶不得置于受阳光暴晒、热源辐射及可能受到电击的地方。气瓶必须距离实际焊接或切割作业点足够远（一般为 5m 以上），以免接触火花、热渣或火馅，否则必须提供耐火屏障。

图 1-28　气瓶专用车

（6）气瓶不得置于可能使其本身成为电路一部分的区域。避免与电动机车轨道、无轨电车电线等接触。气瓶必须远离散热器、管路系统、电路排线等，及可能供接地（如电焊机）的物体。禁止用电极敲击气瓶，在气瓶上引弧。

（7）搬运气瓶时，应注意：① 关紧气瓶阀，而且不得提拉气瓶上的阀门保护帽。② 用吊车、起重机运送气瓶时，应使用吊架或合适的台架，不得使用吊钩、钢索或电磁吸盘。③ 避免损伤瓶体、瓶阀或安全装置的剧烈碰撞。

（8）气瓶不得作为滚动支架或支撑重物的托架。

（9）气瓶应配置手轮或专用搬手启闭瓶阀。气瓶在使用后不得放空，必须留有 98～196kPa 表压的余气。

（10）当气瓶冻住时，不得在阀门或阀门保护帽下面用撬杠撬动气瓶松动。应使用 40℃ 以下的温水解冻。

28. 电弧焊接及切割时接地有哪些要求？

答：（1）焊机要正确接地（或接零）。接地（或接零）装置必须连接良好，永久性的接地（或接零）要定期检查。

（2）禁止使用氧气、乙炔等易燃易爆气体管道作为接地装置。

（3）在有接地（或接零）装置的焊件上进行弧焊操作，或焊接与大地密切连接的焊件（如管道、房屋的金属支架等）时，应特别注意避免焊机和工件的双重接地。

29. 氩弧焊防备和削弱高频电磁场影响的主要措施有哪些？

答：（1）工件良好接地，焊枪电缆和地线要用金属编织线屏蔽。

（2）适当降低频率。

（3）尽量不要使用高频振荡器做为稳弧装置，减小高频电作用时间。

（4）连续作业不要超过 6h。

（5）操作人员佩戴静电防尘口罩等其他个人防护用品。

30. 哪些情况下禁止动火作业？

答：（1）油车停靠区域。

（2）压力容器或管道未泄压前。

（3）存放易燃易爆物品的容器未清洗干净前或未进行有效置换前。

（4）作业现场附近堆有易燃易爆物品，未作彻底清理或者未采取有效安全措施前。

（5）风力达五级以上的露天作业。

（6）附近有与明火作业相抵触的工种在作业。

（7）遇有火险异常情况未查明原因和消除前。

（8）带电设备未停电前。

31. 各级动火怎样区分？

答：（1）凡属下列情况之一的属一级动火：

1）禁火区域内。

2）油罐、油箱、油槽车和储存过可燃气体，易燃气体的容器以及连接在一起的辅助设备。

3）各种受压设备。

4）危险性较大的登高焊、割作业。

5）比较密封的室内、容器内，地下室等场所。

6）堆有大量可燃和易燃物资的场所。

（2）凡属下列情况之一的为二级动火：

1）在具有一定危险因素的非禁火区域内进行临时焊、割等作业。

2）小型油箱等容器。

3）登高焊、割作业。

（3）在非固定的、无明显危险因素的场所进行用火作业，均属三级动火作业。

32. 动火工作票中所列人员的安全职责有哪些？

答：（1）各级审批人员及工作票签发人应审查：工作必要性；工作是否安全；工作票上所填安全措施是否正确完备。

（2）运行许可人应审查：工作票所列安全措施是否正确完备，是否符合现场条件；动火设备与运行设备是否确已隔绝；向工作负责人交待运行所做的安全措施是否完善。

（3）工作负责人应负责：正确安全地组织动火工作。检查应做的安全措施并使其完善。向有关人员布置动火工作，交待防火安全措施和进行安全教育。始终监督现场动火工作。办理动火工作票开工和终结。动火工作间断、终结时检查现场无残留火种。

（4）消防监护人应负责：动火现场配备必要的、足够的消防设施。

检查现场消防安全措施的完善和正确。测定或指定专人测定动火部位或现场可燃性气体和可燃液体的可燃蒸气含量或粉尘浓度符合安全要求。始终监视现场动火作业的动态，发现失火及时扑救。动火工作间断、终结时检查现场无残留火种。

（5）动火执行人职责：动火前必须收到经审核批准且允许动火的动火工作票。按本工种规定的防火安全要求做好安全措施。全面了解动火工作任务和要求，并在规定的范围内执行动火。动火工作间断、终结时清理并检查现场无残留火种。

（6）各级人员在发现防火安全措施不完善不正确时，或在动火工作过程中发现有危险或违反有关规定时，均有权立即停止动火工作，并报告上级防火责任人。

33. 夏季、雨汛期施工有哪些安全注意事项？

答:（1）夏季高温季节应调整作业时间，避开高温时段，并做好防暑降温工作。

（2）加强夏季防火管理，易燃易爆品应单独存放。

（3）雨季前应做好防风、防雨、防洪等应急处置方案。现场排水系统应整修畅通，必要时应筑防汛堤。

（4）雷雨季节前，应对建筑物、施工机械、跨越架等的避雷装置进行全面检查，并进行接地电阻测定。

（5）台风和汛期到来之前，施工现场和生活区的临建设施以及高架机械均应进行修缮和加固，准备充足的防汛器材。

（6）对正在组装、吊装的构支架应确保地锚埋设和拉线固定牢靠，独立的构架组合应采用四面拉线固定。

（7）铁塔、构架、避雷针、避雷线一经安装应接地。

（8）机电设备及配电系统应按有关规定进行绝缘检查和接地电阻测定。

（9）台风、暴雨发生时禁止施工作业。

（10）暴雨、台风、汛期后，应对临建设施、脚手架、机电设备、电源线路等进行检查并及时修理加固。

34. 冬季施工有哪些安全注意事项？

答:（1）应为作业人员配发防止冻伤、滑跌、雪盲及有害气体中毒等个人防护用品或采取相应措施，防寒服装等颜色宜醒目。

（2）入冬之前，对消防器具应进行全面检查，对消防设施及施工用水外露管道，应做好保温防冻措施。

（3）对取暖设施应进行全面检查。用火炉取暖时，应采取防止一氧化碳中毒的措施。加强用火管理，及时清除火源周围的易燃物。根据需要配备防风保暖帐篷、取暖器等防寒设施。

（4）冬季坑、槽的施工方案中应根据土质情况制定边坡防护措施，施工中和化冻后要检查边坡稳定，出现裂缝、土质疏松或护坡桩变形等情况要及时采取措施。

（5）施工现场禁止使用裸线。电线铺设要防砸、防碾压。防止电线冻结在冰雪之中。大风雪后，应对供电线路进行检查，防止断线造成触电事故。

（6）现场道路及脚手架、跳板和走道等，应及时清除积水、积霜、积雪并采取防滑措施。

（7）施工机械设备的水箱、油路管道等润滑部件应经常检查，适季更换油材。油箱或容器内的油料冻结时，应采用热水或蒸汽化冻，禁止用火烤化。

（8）用明火加热时，配备足量的消防器材，人员离场应及时熄灭火源。

（9）汽车及轮胎式机械在冰雪路面上行驶时应更换雪地胎或加装防滑链。

（10）当环境温度低于零下 25℃时不宜进行室外施工作业，确需施工时，主要受力机具应提高安全系数 10%～20%。

（11）严寒季节采用工棚保温措施施工应遵守：使用锅炉做为加温设备，锅炉应经过压力容器设备检验合格。锅炉操作人员应经过培训合格、取证。工棚内养护人员不能少于 2 人，应有防止一氧化碳中毒、窒息的措施。采用苫布直接遮盖、用炭火养生的基础，加火或测温人员应先打开苫布通风，并测量一氧化碳和氧气浓度，达到符合指标时，才能进入基坑，同时坑上设置监护人。

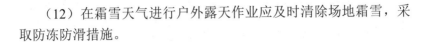

（12）在霜雪天气进行户外露天作业应及时清除场地霜雪，采取防冻防滑措施。

第三节 通用施工机具

1. 起重机操作管理安全工作制度包括哪些内容?

答：（1）工作计划。所有起重机都应制定工作计划以确保操作安全并应将所有潜在的危险考虑在内。由具有丰富工作经验并经指定的人员制定工作计划。对于重复性作业或循环作业，该计划在首次操作时制定，并定期检查，确保计划内容不变。

（2）起重机和起重设备的正确选用、提供和使用。

（3）起重机和起重设备的维护、检查和检验等。

（4）制定专门的培训计划并确定明确自身职责的主管人员以及与起重操作有关的其他人员。

（5）由通过专门培训并拥有必要权限的授权人员实行全面的监督。

（6）获取所有必备证书和其他有效文件。

（7）在未被批准的情况下，任何时候禁止使用或移动起重机。

（8）与起重作业无关人员的安全。

（9）与其他有关方的协作，目的是在避免伤害事故或安全防护方面达成的共识或合作关系。

（10）设置包括起重机操作人员能理解的通信系统。

（11）故障及事故的发生应及时报告并做好记录。

（12）使用单位应根据所使用起重机械的种类、构造的复杂程度，以及使用的具体情况，建立必要的规章制度。如交接班制度、安全操作规程、指挥规程、维护制度、定期自行检查制度、检修制度、培训制度、设备档案制度等。

（13）使用单位应建立设备档案，设备档案应包括起重机械出厂的技术文件。安装、大修、改造的记录及其验收资料。运行检查、维修和定期自行检查的记录。监督检验报告与定期检验报告。设备故障与事故记录。与设备安全有关的评估报告。

2. 起重作业计划应包括哪些内容?

答:(1)荷载的特征和起吊方法。

(2)起重机应保证荷载与起重机结构之间保持符合有关规定的作业空间。

(3)确定起重机起吊的荷载质量时,应包括起吊装置的质量。

(4)起重机和荷载在整个作业中的位置。

(5)起重机作业地点应考虑可能的危险因素、实际的作业空间环境和地面或基础的适用性。

(6)起重机所需要的安装和拆卸。

(7)当作业地点存在或出现不适宜作业的环境情况时,应停止作业。

3. 起重机司机应具备哪些条件?

答:(1)具备相应的文化程度。

(2)年满 18 周岁。

(3)在视力、听力和反应能力方面能胜任该项工作,并具有适合操作起重机械的健康证明。

(4)具有安全操作起重机的体力。

(5)具有判断距离、高度和净空的能力。

(6)在所操作的起重机械上受过专业培训,并有起重机及其安全装置方面的丰富知识。

(7)经过起重作业指挥信号的培训,理解起重作业指挥信号,听从吊装工或指挥人员的指挥。

(8)熟悉起重机械上的灭火设备并经过使用培训。

(9)熟知在各种紧急情况下处置及逃逸手段。

(10)具有操作起重机械的资质。

4. 起重作业吊装工应具备哪些条件?

答:(1)具备相应的文化程度。

(2)年满 18 周岁。

(3)在视力、听力和反应能力方面能胜任该项工作。

(4)具备搬动吊具和组件的体力。

（5）具有估计起吊物品质量、平衡荷载及判断距离、高度和净空的能力。

（6）经过吊装技术的培训。

（7）具有根据物品的情况选择合适的吊具及组件的能力。

（8）经过起重作业指挥信号的培训，理解并能熟练使用起重作业指挥信号。

（9）需要使用听觉设备（如对讲机）时，能熟练使用该设备并能发出准确、清晰的口令。

（10）熟悉起重机的性能及相关参数，具有指挥起重机和荷载安全移动的能力。

（11）具有担负该项工作的资质。

5. 起重作业指挥人员应具备哪些条件？

答：（1）具备相应的文化程度。

（2）年满 18 周岁。

（3）在视力、听力和反应能力方面能胜任该项工作。

（4）具有判断距离、高度和净空的能力。

（5）经过起重作业指挥信号的培训，理解并能熟练使用起重作业指挥信号。

（6）需要使用听觉设备（如对讲机）时，能熟练使用该设备并能发出准确、清晰的口令。

（7）熟悉起重机的性能及相关参数，具有指挥起重机和荷载安全移动的能力。

（8）具有担负该项工作的资质。

6. 起重机械的选用考虑哪些内容？

答：（1）荷载的质量、规格和特点。

（2）工作速度、工作半径、跨度、起升高度和工作区域。

（3）整机工作级别、结构件工作级别、机构工作级别。

（4）起重机械的工作时间或永久安装的起重机械的预期工作寿命。

（5）场地和环境条件（温度、湿度、海拔、腐蚀性、易燃易爆等）或现有建筑物形成的障碍。

（6）起重机的通道、安装、运行、操作和拆卸所占用的空间。

（7）其他特殊操作要求或强制性规定。

7. 使用汽车式起重机要注意哪些安全事项？

答：（1）起重机停放或行驶时，其车轮与沟、坑边缘的距离不小于沟、坑深度的 1.2 倍。

（2）在平坦、坚实的地面上工作。

（3）起重机行驶时，将臂杆放在支架上，吊钩挂在保险杆的挂钩上将钢丝绳拉紧。

（4）作业时，汽车驾驶室内不得有人，重物不得超越驾驶室上方，且不得在车的前方起吊。

（5）起吊工作完毕后，先将臂杆放在支架上，然后收起支腿。

8. 使用塔式起重机要注意哪些安全事项？

答：（1）塔式起重机（见图 1-29）接地可靠，接地电阻不大于 4Ω。

（2）安装和拆除按照说明书中有关规定及注意事项进行。

（3）除操作人员、检修人员外不准攀爬起重机。

（4）操作人员或检修人员上下时，手里不要拿工具或器材。

（5）起重机作业完毕后，小车变幅的起重机将起重小车置于起重臂根部，摘除吊钩上的吊索。

图 1-29　塔式起重机

9. 桥式起重机在作业时有哪些安全注意事项?

答:(1)桥式起重机(见图 1–30)作业前先检查确认机械外观良好,空载运行正常。

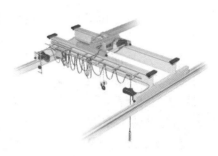

(2)开动时,先按下音响信号,重物提升和下降平稳匀速。

(3)吊运重物不能从人员及设备上方通过。空车行走时,将吊钩收紧离地面 2m 以上。

图 1–30　桥式起重机

(4)吊起重物后慢速行驶,不要突然变速或后退。

10. 起重机械意外触碰了带电电线或电缆,应采取哪些措施?

答:(1)驾驶室内的人员不要离开。

(2)警告所有其他人员远离起重机械,不要触碰起重机械、绳索或物品的任何部分。

(3)在没有任何人接近起重机械的情况下,司机应尝试独立地开动起重机械直到动力电线或电缆与起重机械脱离。

(4)如果起重机械不能开动,司机应留在驾驶室内。设法立即通知供电部门。在未确认处于安全状态之前,不要采取任何行动。

(5)如果由于触电引起的火灾或者一些其他因素,应离开驾驶室,要尽可能跳离起重机械,人体部位不要同时接触起重机械和地面。

(6)应立刻通知对工程负有相关责任的工程师,或现场有关的管理人员。在获取帮助之前,应有人留在起重机附近,以警告危险情况。

11. 起重机械安全操作的基本要求有哪些?

答:(1)司机操作起重机械时,不允许从事分散注意力的其他操作。

(2)司机体力和精神不适时,不得操作起重设备。

(3)司机应接受起重作业人员的起重作业指挥信号的指挥。当起重机的操作不需要信号员时,司机负有起重作业的责任。无论何时，司机都应随时执行来自任何人发出的停止信号。

（4）司机应对自己直接控制的操作负责。无论何时，当怀疑有不安全情况时，司机在起吊物品前应和管理人员协商。

（5）在离开无人看管的起重机之前，司机应做到：① 被吊荷载应下放到地面，不得悬吊。② 使运行机构制动器上闸或设置其他的保险装置。③ 把吊具起升到规定位置。④ 根据情况，断开电源或脱开主离合器。⑤ 将所有控制器置于"零位"或空档位置。⑥ 固定住起重机械防止发生意外的移动。⑦ 当采用发动机提供动力时，应使发动机熄火。⑧ 露天工作的起重机械，当有超过工作状态极限风速的大风警报或起重机处于非工作状态时，为避免起重机移动应采用夹轨器等装置使起重机固定。

（6）如对于电源切断装置或启动控制器有报警信号，在指定人员取消这类信号之前，司机不得接通电路或开动设备。

（7）在接通电源或开动设备之前，司机应查看所有控制器，使其处于"零位"或空挡位置。所有现场人员均在安全区内。

（8）如果在作业期间发生供电故障，司机应该做到：① 在适合的情况下，使制动器上闸或设置其他保险装置。② 应切断所有动力电源或使离合器处于空挡位置。③ 如果可行，可借助对制动器的控制把使悬吊荷载放到地面。

（9）司机应熟悉设备和设备的正常维护。如起重机械需要调试或修理，司机应把情况迅速的报告给管理人员并应通知接班司机。

（10）在每一个工作班开始，司机应试验所有控制装置。如果控制装置操作不正常，应在起重机械运行之前调试和修理。

（11）当风速超过制造厂规定的最大工作风速时，不允许操作起重机械。

（12）起重机械的轨道或结构上结冰或其周围能见度下降的气候条件下操作起重机械时，应减慢速度或提供有效的通信等手段保证起重机的安全操作。

（13）夜班操作起重机时，作业现场应有足够的照度。

12. 起重机移动荷载有哪些注意事项？

答：（1）指挥人员应注意：① 采用合适的吊索具。② 荷载刚被吊离地面时，要保证安全，而且荷载在吊索具或提升装置上要保持平衡。③ 荷载在运行轨迹上应与障碍物保持一定的间距。

（2）在开始起吊前，应注意：① 起重钢丝绳或起重链条不得产生扭结。② 多根钢丝绳或链条不得缠绕在一起。③ 采用吊钩的起吊方式应使荷载转动最小。④ 如果有松绳现象，应进行调整，确保钢丝绳在卷筒或滑轮位置上的松弛现象被排除。⑤ 考虑风对荷载和起重机械的影响。⑥ 起吊的荷载不得与其他的物体卡住或连接。

（3）起吊过程中要注意：① 起吊荷载时不得突然加速和减速。② 荷载和钢丝绳不得与任何障碍物刮碰。③ 对无反接制动性能的起重机，除特殊紧急情况外，不得利用打返车进行制动。

（4）起重机械不许斜向拖拉物品（为特殊工况设计的起重机械除外）。

（5）吊运荷载时，不得从人员上方通过。

（6）每次起吊接近额定荷载的物品时，应慢速操作，并应先把物品吊离地面较小的高度，试验制动器的制动性能。

（7）起重机械进行回转、变幅和运行时，要避免突然的起动和停止。吊运速度应控制在使物品的摆动半径在规定的范围内。当物品的摆动有危险时，应做出标志或限定的轮廓线。

13. 起重机械日常检查内容有哪些？

答：对在用起重机械每次换班或每个工作日开始前，应根据机械类型对以下适合内容进行日常检查，并做好检查记录保存归档。

（1）按制造商手册的要求进行检查。

（2）检查所有钢丝绳在滑轮和卷筒上缠绕正常，没有错位。

（3）外观检查电气设备，不允许沾染润滑油、润滑脂、水或灰尘。

（4）外观检查有关的台面和（或）部件，无润滑油和冷却剂等液体的洒落。

（5）检查所有的限制装置或保险装置以及固定手柄或操纵杆的操作状态。

（6）检查超载限制器的功能是否正常。具有幅度指示功能的超载限制器，应检查幅度指示值与臂架实际幅度的符合性。

（7）检查各气动控制系统中的气压是否处于正常状态，如制动器中的气压。

（8）检查照明灯、挡风屏雨刷和清洗装置是否能正常使用。

（9）外观检查起重机车轮和轮胎的安全状况。

（10）空载检查起重机械所有控制系统是否处于正常状态。

（11）检查所有听觉报警装置能否正常操作。

（12）出于对安全和防火的考虑，检查起重机是否处于整洁环境，并且远离油罐、废料、工具或物料，已有安全储藏措施的情况除外。检查起重机械的出入口，要求无障碍以及相应的灭火设施应完备。

（13）检查防风锚定装置（固定时）的安全性以及起重机械运行轨道上有无障碍物。

（14）在开动起重机械之前，检查制动器和离合器的功能是否正常。

（15）检查液压和气压系统软管在正常工作情况下是否有非正常弯曲和磨损。

（16）在操作之前，应确定在设备或控制装置上没有插入电缆接头或布线装置。

14. 起重机械周期性检查要求及内容有哪些？

答：起重机械正常情况下每周检查一次，或按制造商规定的检查周期，或根据起重机械的实际使用工况制定的检查周期进行检查。除了日常检查内容外，还应根据起重机械类型针对下列适合的内容进行检查，并做好检查记录保存归档。

（1）按制造商的使用说明书要求进行检查。

（2）检查所有钢丝绳外观有无断丝、挤压变形、笼状扭曲变形或其他的损坏迹象及过度的磨损和表面锈蚀情况。起重链条有无变形、过度磨损和表面锈蚀情况。

（3）检查所有钢丝绳端部结点、旋转接头、销轴和固定装置的连接情况。还需检查滑轮和卷筒的裂纹和磨损情况。所有的滑轮装置有无损坏及卡绳情况。

（4）检查起重机械结构有无损坏，例如桥架或桁架式臂架有无缺损、弯曲、上拱、屈曲以及伸缩臂的过量磨损痕迹、焊接开裂、螺栓和其他紧固件的松动现象。

（5）如果结构检查发现危险的征兆，则需要去除油漆或使用其他的无损检测技术来确定危害的存在。

（6）对于高强度螺栓连接，应按规定的力矩要求和制造商规定的时间间隔进行检查。

（7）检查吊钩和其他吊具、安全卡、旋转接头有无损坏、异常活动或磨损。检查吊钩柄螺纹和保险螺母有无可能因磨损或锈蚀导致的过度转动。

（8）在空载情况下，检查起重机械所有控制装置的功能。

（9）超载限制器应按其使用说明书的要求进行定期标定。

（10）对液压起重机械，检查液压系统有无渗漏。

（11）检查制动器和离合器的功能。

（12）检查流动式起重机上的轮胎压力以及轮胎是否有损坏、轮盘和外胎轮面的磨损情况。还需检查轮子上螺栓的紧固情况。

（13）对在轨道上运行的起重机，应检查轨道、端部止挡，如有锚固也需进行检查。检查除去轨道上异物的安全装置及其状况。

（14）如有防摆锁，应进行检查。

15. 什么情况下塔式起重机和施工升降机需进行安全评估后才能使用？

答：（1）塔式起重机（见图 1–31）。630kN·m 以下（不含630kN·m）出厂年限超过 10 年（不含 10 年）。630～1250kN·m（不含 1250kN·m）出厂年限超过 15 年（不含 15 年）。1250kN·m以上（含 1250kN·m）出厂年限超过 20 年（不含 20 年）。

（2）施工升降机（见图 1-32）。出厂年限超过 8 年（不含 8 年）的 SC 型施工升降机。出厂年限超过 5 年（不含 5 年）的 SS 型施工升降机。

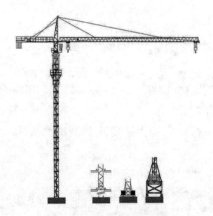

图 1-31　塔式起重机

图 1-32　施工升降机

16. 起重机械如何进行安全评估？

答：（1）设备产权单位应提供设备安全技术档案资料。设备安全技术档案资料应包括特种设备制造许可证、制造监督检验证明、出厂合格证、使用说明书、备案证明、使用履历记录等。

（2）在设备解体状态下，应对设备外观进行全面目测检查，对重要结构件及可疑部位应进行厚度测量、直线度测量及无损检测等。

（3）设备组装调试完成后，应对设备进行荷载试验。

（4）根据设备安全技术档案资料情况、检查检测结果等，依据规程及有关标准要求，对设备进行安全评估判别，得出安全评估结论及有效期并出具安全评估报告。

17. 如何安全使用电动葫芦？

答：（1）使用电动葫芦（见图 1-33）前，先检查钢丝绳、吊钩、限位器等完好，电气部分无漏电，接地装置良好。

（2）第一次吊重物时，在吊离地面 100mm 时停止，检查制动情况，确认完好再继续作业。

（3）起吊时，手不要握在绳索与物体之间，吊物上升时严防冲撞。吊重物行走时，离地不超过 1.5m。

（4）作业完毕后，将电动葫芦放在指定位置，吊钩升起，切断电源，锁好开关箱。

图 1–33 电动葫芦式起重机

18. 怎样安全使用卷扬机？

答：（1）作业前先试车，确认卷扬机上的所有零部件合格后再使用。

（2）作业时不要向滑轮上套钢丝绳，不要在卷筒、滑轮附近用手扶运行中的钢丝绳，不要跨越运行中的钢丝绳，不要在各导向滑轮的内侧逗留或通过。

（3）吊起的重物在空中短时间停留时，要用棘爪锁住，休息时将物件或吊笼降至地面。

（4）作业中如发现异常情况时，立即停机检查，排除故障后方可使用。

（5）钢丝绳从卷筒下方卷入，卷筒上的钢丝绳排列整齐，工作时最少保留 5 圈（见图 1–34）。

（6）使用传动带或开关齿轮传动的部分，均设置防护罩。

图 1–34 卷筒上的钢丝绳小于 5 圈

19. 挖掘机作业时有哪些安全注意事项?

答:(1)操作挖掘机(见图 1-35)时进铲深度适中,提斗缓慢

匀速,挖土高度不超过 4m。

(2)在回转半径内遇到推土机作业时,停止作业。

(3)行驶时,铲斗位于机械的正前方离地面 1m 左右,回转机构制动,上下坡的坡度不超过 20°。

(4)在装运车上时,刹住各制动,放好臂杆和铲斗。

图 1-35 挖掘机

20. 推土机作业时有哪些安全注意事项?

答:(1)推土机(见图 1-36)向边坡推土时,铲刀不超出边坡,在换好倒挡后再提铲刀倒车。

(2)推土机上下坡的坡度不超过 35°,横坡不超过 10°。

(3)在建筑物附件工作时,与建筑物的墙、柱、台阶等的距离在 1m 以上。

图 1-36 推土机

21. 压路机作业时有哪些安全注意事项？

答：（1）两台及以上压路机同时作业时，前后间距保持在 3m 以上，不能在坡道上纵队行驶。

（2）作业后，将压路机停放在平坦坚实的地方，可靠制动。

（3）不要放在土路边缘及斜坡上。

22. 装载机作业时有哪些安全注意事项？

答：（1）装载机工作距离不能过大，超过合理运距时，由自卸汽车配合装运作业。

（2）除规定的操作人员外，不搭乘其他人员，铲斗不能载人。

（3）起步前，先鸣声示意，将铲斗提升离地 0.5m。

（4）行驶中，避免突然转向或紧急制动，保持平稳行驶。

（5）铲装或挖掘避免铲斗偏载，不在收斗或半收斗而未举臂时前进。

（6）铲斗装满后，举臂到距地面约 0.5m 时，再后退、转向、卸料。卸料时，举臂翻转铲斗低速缓慢动作。

23. 夯实机械作业时有哪些安全注意事项？

答：（1）夯实机械的操作扶手要绝缘。

（2）操作时，按规定正确使用绝缘防护用品。

（3）操作时，一人打夯，一人调整电源线。

（4）电源线长度不大于 50m，夯实机前方不要站人，非操作人员离夯实机四周 1m 范围外。

（5）多台夯实机械同时工作时，其平列间距不小于 5m，前后间距不小于 10m。

24. 如何安全使用风动凿岩机？

答：（1）风动凿岩机（见图 1-37）使用前，先检查风管、水管是否有漏水、漏气现象。用压缩空气吹出风管内的水分和杂物。

图 1-37 风动凿岩机

（2）开钻前，检查作业面，周围石质无松动，场地清理干净，没有遗留瞎炮。

（3）风、水管不缠绕、打结，并不受各种车辆碾压。

（4）不能用弯折风管的方法停止供气。

（5）开孔时，慢速运转，不用手、脚去挡钎头。待孔深达 10～15mm 后再逐渐转入全速运转。

（6）退钎时，慢速徐徐拔出，若岩粉较多就强力吹孔。

（7）运转中，当遇卡钎或转速减慢时，立即减少轴向推力，当钎杆仍不转时，立即停机排除故障。

（8）作业后，先关闭水管阀门，卸掉水管，进行空运转，吹净机内残存水滴，再关闭风管阀门。

25. 如何安全使用电动凿岩机？

答：（1）电动凿岩机（见图1-38）启动前先检查全部机构及电气部分正常后方可通电。

（2）通电后，确保钎头顺时针旋转。

（3）钻孔时，当突然钎停钻或钎杆弯曲时，立即松开离合器，退回钻机。

（4）若遇局部硬岩石层时，可操纵离合器缓慢推动，或变更转速和推进量。

（5）作业后，擦净尘土、油污，妥善保管在干燥地点，防止电动机受潮。

26. 混凝土及砂浆搅拌机作业时有哪些安全注意事项？

答：（1）搅拌机（见图1-39）安置在牢固的台座上。

（2）移动式搅拌机就位后，将机架顶起达到水平位置，使轮胎离地。

图 1-38　电动凿岩机　　　图 1-39　混凝土及砂浆搅拌机

（3）开机前，检查各部件并确认良好，滚筒内无异物，周围无障碍，启动正常后方可工作。

（4）进料斗升起时，不准任何人在料斗下通过或停留。

（5）作业完毕后应将料斗固定好。

（6）现场检修时，固定好料斗，切断电源。

（7）人员进入滚筒时，外面要有人监护。

（8）在完工或因故停工时，将滚筒内的余料取出，并用水清洗干净。

（9）搅拌机在场内移动时，将料斗提升到上止点，用保险铁链或插销锁住。

27. 在混凝土搅拌站作业时有哪些安全注意事项？

答：（1）建立搅拌站的场地要硬化，搭设能防风、防雨、防砸的防护棚。

（2）在出料口设置安全限位挡墙，操作平台便于人员操作。

（3）搅拌站由搅拌机手或专人操作，正确佩戴风帽、防护镜和口罩。

（4）开转前，检查各部件并确认良好。

（5）搅拌机上料斗升起过程中，不在斗下敲击斗身，也不将头、手伸入料斗与机架之间。

（6）不在运行中的传动带上跨越或从其下方通过。

（7）待送料斗提升并固定稳妥后再清理搅拌斗下的砂石。

（8）清扫闸门及搅拌器在切断电源后进行。

（9）作业后收起料斗，挂好双侧安全挂钩，切断电源，锁上电源箱。

28. 混凝土泵车作业时有哪些安全注意事项？

答：（1）混凝土泵车（见图1-40）就位地点平坦坚实周围无障碍物，上方无架空线。

（2）泵车就位后，支起支腿保持机身平稳，倾斜度不大于3°。

（3）作业中移动车身时，将上段布料杆折叠固定，移动速度不超过10km/h。

（4）布料杆前端软管远离地面，布料配管和布料杆不能延长。

（5）当风级达到六级及以上时，停止用布料杆输送混凝土。

（6）泵送时时刻监视泵和搅拌装置运转情况，监视各仪表和指示灯，发现异常，及时停机处理。

图1-40 混凝土泵车

29. 混凝土切割机、压光机作业时有哪些安全注意事项？

答：（1）混凝土切割机（见图1-41）、压光机（见图1-42）使用前，先检查并确认电动机、电缆线均正常。

（2）保护接地良好。防护装置安全有效。

（3）锯片、砂轮等选用符合要求，安装正确。

（4）起动后，先空载运转，检查并确认锯片运转方向正确，升降机构灵活，运转中无异常、异响，一切正常后，方可作业。

（5）操作人员要双手按紧操作把手，用力适中不能过猛。

图 1-41 混凝土切割机 　　　　图 1-42 路面压光机

30. 钢筋切断机作业时有哪些安全注意事项？

答：（1）机械运转正常后方可断料，断料时手与切刀之间的距离不小于 150mm，活动刀片前进时不要送料。

（2）如手握端小于 400mm 时，采用套管或夹具将钢筋短头压住或夹牢。

（3）切长钢筋时有人扶抬，操作时动作一致。

（4）切短钢筋用套管或钳子夹料，不要用手直接送料。

（5）切断机旁设放料台，机械运转中不要清除切刀附近的断头和杂物。

（6）在钢筋摆动和切刀周围，其他人员不要停留。

31. 钢筋除锈机作业时有哪些安全注意事项？

答：（1）操作除锈机时戴口罩和手套。

（2）除锈工作在钢筋调直后进行，操作时放平握紧，操作人员站在钢丝刷的侧面，带钩的钢丝不能上除锈机。

32. 钢筋调直机作业时有哪些安全注意事项？

答：（1）物件不要堆放在钢筋调直机上。在钢筋调直区域不能随意穿行。

（2）钢筋送入压滚时，手与曳轮保持一定距离，机器运转中不能调整滚筒。

（3）不要戴手套操作。

（4）钢筋调直到末端时，严防钢筋甩动伤人。调直短于 2m 或直径大于 9mm 的钢筋时低速进行。

33. 钢筋弯曲机作业时有哪些安全注意事项？

答：（1）使用前先检查并确认芯轴、挡铁轴、转轴等无裂纹和损伤，防护罩牢固可靠，空载运转正常后，方可作业。

（2）作业中，不要更换芯轴、销子以及变换角度和调速，也不能清扫和加油。

34. 钢筋点焊机、对焊机作业时有哪些安全注意事项？

答：（1）焊机放在干燥的地方，放置平稳、牢固，接地可靠，绝缘良好。

（2）焊接前根据钢筋截面积调整电压，发现漏电时立即停电更换。

（3）焊接操作时戴防护镜及手套，站在橡胶垫或干燥木板上。

（4）工作棚用防火材料搭设，棚内备有灭火器材。

（5）定期检查维修焊机开关的触点、电极（铜头）。

（6）冷却水管保持畅通，不漏水，不超过规定温度。

35. 物料提升机作业时有哪些安全注意事项？

答：（1）物料提升机（见图 1–43）安装完毕后，经有关部门检测合格后方可使用。

（2）物料提升机固定在建筑物上，用控制绳固定的物料提升机，控制绳每隔 10～15m 高度设一组，与地面的夹角不大于 60°。

图 1–43　物料提升机

（3）物料提升机设有安全保险装置和过卷扬限制器。

（4）在进料口搭设防护棚，不准乘人。

（5）在运行时，人员不要跨越卷扬机钢丝绳。

36. 高空作业吊篮作业时有哪些安全注意事项？

答：（1）吊篮（见图1–44）安全锁灵敏可靠，当吊篮平台下滑速度大于 25m/min 时，安全锁在 100mm 距离内自动锁住悬吊平台的钢丝绳。

图 1–44　高空作业吊篮

（2）安全锁在有效检定期内。

（3）吊篮内施工作业人员的安全带挂在保险绳上，保险绳单独设在建筑物牢固处。

37. 机动翻斗车作业时有哪些安全注意事项？

答：（1）机动翻斗车行驶时不准带人。

（2）路面不良、上下坡或急转弯时，低速行驶，下坡时不空挡滑行。

（3）装载时，材料的高度不影响操作人员的视线。

（4）机动翻斗车向坑槽或混凝土集料斗内卸料时，保持适当安全距离，坑槽或集料斗前有挡车措施，以防翻车。

（5）料斗不在卸料工况下行驶或进行平整地面作业。

（6）土石方车辆卸料，后侧临边距离不得少于 3m，两侧临边距离不得少于 2m，必须由专人指挥。

38. 如何安全使用砂轮机和砂轮锯？

答：（1）砂轮机（见图1–45）、砂轮锯均安装防护罩，砂轮锯安装在托架上。

（2）砂轮片有效半径磨损达到原半径的 1/3 时更换新的，不使用有破损或有裂纹的砂轮片。

（3）使用砂轮机时站在侧面并戴防护眼镜，不能打磨软金属、非金属。

（4）使用砂轮锯时，工件牢固夹入工件夹内，工件垂直砂轮片轴向，砂轮锯的旋转方向不要正对其他人员、机器和设备。

（5）不能切割任何有色金属及非金属，也不能打磨任何物件。

图 1–45　砂轮机

39. 如何安全使用空气压缩机?

答：（1）空气压缩机（见图 1–46）作业区保持润滑良好、压力表准确在有效期内，自动起、停装置灵敏，安全阀可靠，有专人维护。

（2）输气管保持畅通，避免急弯，打开送风阀前，先通知工作地点的有关人员。

（3）出气口处不要有人工作，储气罐不能日光暴晒或高温烘烤，放置地点要通风。

图 1–46　空气压缩机

40. 如何安全使用钻床?

答:（1）操作人员穿工作服、扎紧袖口,不戴手套,头发、发辫盘入帽内。

（2）不能直接用手清除钻屑或接触转动部分。不能用有冷却液的棉纱冷却转动的工件或钻头。

（3）钻床切削量力度适中,工件将要钻透时,适当减少切削量。

（4）钻具、工件固定牢固,薄件和小工件施钻时,不要用手扶持。

（5）大工件施钻时,除用夹具或夹板固定外,还要加设支撑。

（6）台钻（见图 1–47）要放在工作

图 1–47　台钻

台上作业,工作台与台钻固定牢固,不要在台架下配重。

41. 滤油机作业时有哪些安全注意事项?

答:（1）滤油机及油系统的金属管道采取防静电的接地措施。

（2）滤油设备采用油加热器时,先开启油泵,后投加热器。停机时操作顺序相反。

（3）使用真空滤油机时,严格按照制造厂提供的操作步骤进行。压力式滤油机停机时先关闭油泵的进口阀门。

42. 如何安全使用千斤顶?

答:（1）使用前先擦洗干净,检查各部分是否完好,油液是否干净。

（2）工作时,千斤顶放置在平整、坚实处。千斤顶与荷重面垂直,其顶部与重物的接触面间加防滑垫层。

（3）在顶升的过程中,随着重物的上升在重物下加设保险垫层,到达顶升高度后及时将重物垫牢。

（4）使用油压千斤顶时,安全栓的前面不能有人。

（5）用两台及两台以上千斤顶同时顶升一个物体时,千斤顶的总体重能力不小于荷重的两倍。顶升时有专人统一指挥，确保各千斤顶的顶升速度及受力基本一致。

（6）油压千斤顶的顶升高度不超过限位标志线。螺旋及齿条式千斤顶的顶升高度不超过螺旋或齿条高度的3/4。

（7）千斤顶不得长时间在无人照料情况下承受荷重。

（8）千斤顶的下降速度应缓慢，在无负载的情况下不能使其突然下降。

43. 如何安全使用链条葫芦?

答：（1）使用前先做全面检查，吊钩、链条良好，转动及刹车装置可靠，链条葫芦没有沾染油脂。

（2）操作时，人员不能站在链条葫芦的正下方。

（3）吊起的重物如需在空中停留较长时间时，要将手拉链拴在起重链上，并在重物上加设保险绳。

（4）使用中若发生卡链，将受力部位封固后再进行检修。

44. 如何安全使用喷灯?

答：（1）使用前先做全面检查，检查油筒是否有油、是否漏油，油嘴的螺丝扣是否漏气，检查加油嘴的螺丝塞是否拧紧。

（2）使用喷灯的工作场所要远离易燃物，在带电区附近使用时，火焰与带电部分的距离满足表1–3的要求。

（3）喷灯需要加油时，先灭火放气，待冷却后再加油。

（4）喷灯使用完毕后，先灭火、泄压，待冷却后放入工具箱内。在室内使用时，保持通风良好，以防中毒。

表 1–3　　　　　喷灯火焰与带电部分的最小允许距离

电压等级（kV）	<1	1～10	>10
最小允许距离（m）	1	1.5	3

45. 如何安全使用电动工具?

答：（1）使用前先检查外壳、手柄有无裂缝、破损，保护接地线或接零线是否连接正确、牢固，开关动作是否正常，电气及机械保护装置是否完好，转动是否灵活，开关检测标志是否在有效期内。

（2）使用移动式电动工具时，电源线不要受力或接触工具的转动部分。在金属构架上或在潮湿场地上使用Ⅲ类绝缘的电动工器具，设专人监护。

（3）磁力盘电钻的磁盘平面平整、干净、无锈。进行侧钻或仰钻时，要防治失电后钻体坠落。

（4）使用电动扳手时，将反力矩支点靠牢并确认扣好螺帽后方可开动。

46. 如何安全使用风动工具?

答：（1）使用前检查风动工具的风管与供气的金属管连接牢固，在工作前通气吹扫，吹扫时排气口远离人群。

（2）工作前，将附件牢固地接装在套口中，严防在工作中飞出。

（3）风锤、风镐、风枪等冲击性风动工具在置于工作状态后再通气、使用。

（4）用风钻打眼时，手不能离开钻把上的风门，不要骑马式作业。

（5）风动工具使用时，风管附近不要站人。风管不要弯成锐角。风管遭受挤压或损坏时，立即停止使用。

（6）更换工具附件应待余气排尽后方可进行。不能用氧气作为风动工具的气源。

47. 如何安全使用电动液压工具?

答：（1）使用前检查油泵和液压机具是否配套，各部部件是否齐全，液压油位是否足够，加油通气塞是否旋松，转换手柄是否放在零位，器身是否可靠接地，核对电源电压是否和工具的额定工作电源一致。

（2）施压前将压钳的端盖拧满扣，防止施压时端盖蹦出。

（3）使用快换接头的液压管时，先将滚花箍向胶管方向拉足后插入本体插座，插入时要推紧，然后将滚花箍紧固。

（4）液压工具操作人员要了解工具性能、操作熟练。使用时有人统一指挥，专人操作，操作人员之间配合密切。

（5）夏季使用电动液压工器具时要防止暴晒，其液压油油温不超过 65℃。冬季如遇油管冻塞时，不能用火烤解冻。

（6）停止工作、离开现场要切断电源，并挂上"严禁合闸"警示标志。

48. 如何安全使用梯子？

答：（1）使用前先检查梯子是否坚实可靠、搁置稳固，梯子与地面的夹角在 60°～70° 之间。

（2）使用前，应先进行试登，确认可靠后方可使用。

（3）有人员在梯子上工作时，梯子应有人扶持和监护。

（4）上下梯子时面部朝内，双手把扶，双脚接触，严禁越级跳下，在任何情况下都应确保三个接触点—双脚单手，或双手单脚。

（5）工具或材料装在工具袋内运送，不要上下抛递工具、材料。

（6）一个梯子不能同时站两人，梯子的最高两档不能站人。

（7）梯子不能垫高、绑扎使用。

（8）不要在悬挂式吊架上搁置梯子。梯子不能稳固搁置时，设专人扶持或用绳索将梯子下端与固定物绑牢，防止落物伤人。

（9）在通道上使用梯子时，设监护人或设置临时围栏。

（10）梯子放在门前使用时，要采取防止门突然开启的措施。

（11）梯子上有人时，不能移动梯子。

（12）在转动机械附件使用时，采取隔离防护措施。

（13）梯子靠在非平面上使用时，其上端需用挂钩挂住或用绳索绑牢。

（14）人字梯具有坚固的铰链和限制开度的拉链。

（15）垂直固定梯子应安装安全护笼，安全护笼应从梯子基部以上 2.5m 处开始安装。

49. 如何正确使用验电器？

答：（1）使用前检查验电器（见图 1-48）的各部件连接紧密牢固，伸缩型绝缘杆各节配合合理，拉伸后不能自动回缩。

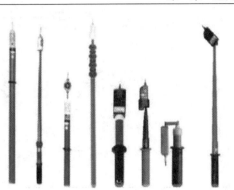

图 1-48　验电器

（2）在雷、雨、雪等恶劣天气时不要使用非雨雪型电容型验电器。

（3）验电器的规格和被操作设备的电压等级相符。

（4）使用前先自检三次，指示器均应有视觉和听觉信号出现。

（5）操作前，验电器杆表面要干燥、清洁。先在有电设备上进行试验，检验验电器良好。如无法在有电设备上进行试验，则用高压发生器等确证验电器良好。

（6）操作时，戴绝缘手套，穿绝缘靴。人体与带电设备要保持足够的安全距离，操作者的手握部位不能越过护环。

第二章 变 电 土 建

第一节 土 石 方 工 程

1. 架空线路复测时安全注意事项有哪些?

答:(1)提前对施工道路进行调查、修复,必要时应采取措施(见图 2-1)。

图 2-1 施工道路调查实景

(2)在人烟稀少、有野兽活动的大山区施工时,取得当地群众的配合,并采取防范措施。

(3)在深山密林中施工应防止误踩深沟、陷井(落水洞)。施工人员不得单独远离作业场所。作业完毕,施工负责人应清点人数。地形复杂时,施工人员应携带必要的通信工具。

（4）在有毒蛇、野兽、毒蜂的地区施工或外出时，应携带必要的保卫器械、防护用具及药品。

（5）砍伐通道上的树时，应控制其倾倒方向，砍伐人员应向倾倒的相反方向躲避。

（6）多人在同一处对向砍伐或在安全距离不足的相邻处砍伐时，应保持的安全距离为树高度的 1.2 倍。

（7）砍伐工具在使用前应作检查，砍刀手柄应安装牢固。

（8）在茂密的林中或路边砍伐时应设监护人，树木倾倒前应呼叫警告。

（9）上树砍伐树梢或树枝应使用安全带，不得攀扶脆弱、枯死的树枝或已砍过但尚未断的树木，并应注意蜂窝。

2. 挖掘作业发现不明物品时，怎样处理才能保证安全？

答：挖掘作业发现不明物品时，作业人员不要擅自敲拆，及时上报相应部门处理。如开挖到电力设施、燃气管道等，会给施工人员带来一定安全危害。

3. 深坑及井内土石方作业，需采取哪些安全措施？

答：在深坑及井内作业要采取可靠的防塌措施，坑、井内的通风要良好。在作业过程中定时检测是否存在有毒气体或异常现象，发现危险情况要立即停止作业，采取可靠措施后，方可恢复施工。

4. 挖掘施工区域布置需满足哪些基本安全要求？

答：挖掘施工区域需设围栏及安全标志牌，夜间挂警示灯，围栏离坑边距离不小于 0.8m。夜间作业现场设置足够的照明，并设专人监护。

5. 开挖边坡值满足哪些要求时，才能保证边坡安全稳定？

答：开挖边坡值首先要满足设计要求。当设计无要求时，要符合表 2-1 的规定。边坡坡度示意如图 2-2 所示。

表 2–1   各类土质的坡度

土质类别		坡度（深:宽）
砂土		1:1.25～1:1.50
一般性黏土	硬	1:0.75～1:1.00
	硬、塑	1:1.00～1:1.25
	软	1:1.50 或更缓
碎石类土	充填坚硬、硬塑黏性土	1:0.50～1:1.00
	充填砂土	1:1.00～1:1.50

注　如采用降水或其他加固措施，可不受本表限制，但应计算复核。

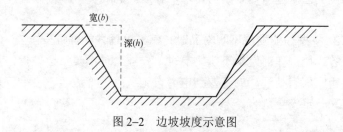

图 2–2　边坡坡度示意图

6. 井点降水作业有哪些安全注意事项？

答：（1）冲、钻孔机操作时要安放平稳，防止机具突然倾倒或钻具下落。

（2）已成孔尚未下井点管前，井孔要用盖板封严。

（3）所用设备的安全性能良好，水泵接管牢固、卡紧。作业时不要将带压管口对准人体。

（4）有车辆或施工机械通过区域，要对敷设的井点进行防护、加固。

（5）降水完成时，及时将井填实。

7. 基坑支护有哪些安全注意事项？

答：（1）支撑结构的施工为先撑后挖，更换支撑先装后拆。基坑挖土时不得碰动支撑。

（2）支撑安装位置要准确，围檩与挡土桩墙结合紧密。挡土板或板桩与坑壁间的回填土分层回填夯实。

（3）锚杆支撑时，锚杆上下间距不宜小于 2m，水平间距不宜小于 1.5m。锚杆倾角宜为 15°～25°，且不应大于 45°。最上一道锚杆覆土厚度不小于 4m。

（4）钢筋混凝土支撑时，其强度达到设计要求后，方可开挖支撑面以下土方。

（5）钢结构支撑时，不要在负载状态下进行焊接。

8. 人工撬挖土石方有哪些安全注意事项？

答：（1）边坡开挖由上往下开挖，依次进行。不要上、下坡同时撬挖。

（2）开挖前先清除山坡上方浮土、石。土石滚落下方不要安排人员活动、作业，现场要有专人监护。

（3）人工打孔时，打锤人不要戴手套，并站在扶钎人的侧面。

（4）在悬岩陡坡上作业时需设置防护栏杆并系安全带。

9. 人工清理或装卸土石方有哪些安全注意事项？

答：（1）不便装运的大石块要劈成小块。锲劈作业人员要戴防护眼镜。

（2）斜坡堆放弃土要采取安全措施。

（3）用手推车、斗车或汽车卸渣时，车轮距卸渣边坡或槽边距离不小于 1m。

10. 挖掘机开挖作业有哪些安全注意事项？

答：（1）作业前要对作业场地进行勘察，需避让作业点周围的障碍物及架空线。

（2）人员不要进入挖斗内，不要在伸臂及挖斗下面通过或逗留，不要利用挖斗递送物件。

（3）暂停作业时，要将挖斗放到地面。

（4）挖掘机作业时，同一基坑内不要安排人员同时作业。

11. 无声破碎剂的存放、使用有哪些安全注意事项？

答：无声破碎剂要随调随灌，作业人员不要用手直接接触药剂。运输和存放需做好防潮隔离措施，开封后要立即使用。不要将无声破碎剂加水后装入小孔容器内。

12. 土石方机械作业遇到哪些安全隐患要停止作业？

答：（1）填挖区土体不稳定、有坍塌可能。

（2）地面涌水冒浆，出现陷车或因下雨坡道打滑。

（3）发生大雨、雷电、浓雾、水位暴涨及山洪暴发等情况。

（4）施工标志及防护设施被损坏。

（5）工作面净空不能保证安全作业。

（6）出现其他不能保证作业和运行安全的情况。

13. 接地沟开挖有哪些要求？

答：（1）开挖前事先将附着在地面的杂草杂物清除出基面之外。将开挖出的鲜土堆放在沟边以备用。

（2）塔位附近有路、地下电缆、光缆等障碍物时，接地装置射线需朝远离障碍物方向敷设。

（3）山坡上的接地沟应改为沿等高线开挖，严禁接地沟槽末端高于首端，以免遭受洪水冲刷。

14. 接地沟开挖深度及宽度有哪些要求？

答：接地沟开挖深度及宽度见表 2-2。

表 2-2 深度及宽度对照表

地质	平丘及耕种地	山地	岩石地区
埋设深度/开挖深度	0.8m+0.1m	0.6m+0.1m	0.3m+0.1m
开挖宽度	上口 0.4m，下口 0.3m		

第二节 桩 基 工 程

1. 桩基作业场地具备哪些条件才能满足作业安全?

答：作业场地平整压实，软土地基地面需加垫路基箱或厚钢板，作业区域及泥浆池、污水池等需设置明显标志或围栏。现场夜间施工照明充足。

2. 桩机操作的安全常识有哪些?

答：（1）作业时要专人指挥、专人监护，指挥信号明确。桩机操作人员持证上岗，操作人员作业时不得擅离职守。

（2）配合钻机及附属设备作业的人员，在钻机的回转半径以外作业，当在回转半径内作业时，由专人协调指挥。

（3）桩机在邻近带电体作业时，应进行现场勘测，确保钻机、钢筋笼及吊装设备与带电体的安全距离。

（4）停止作业或移桩架时，将桩锤放置最低点。不得悬吊桩锤进行检修。作业完毕将打桩机停放在坚实平整的地面上，制动并锒牢，桩锤落下，切断电源。

（5）机架较高的振动类、搅拌类桩机移动时，需采取防止倾覆的应急措施。

（6）遇雷雨、六级及以上大风等恶劣天气应停止作业，并采取加设揽风绳、放倒机架等措施。

3. 钻孔灌注桩基础施工有哪些安全注意事项?

答：（1）桩机放置平稳牢靠，并有防止桩机移位或下陷的措施，作业时保证机身不摇晃，不倾倒。

（2）孔顶埋设钢护筒的埋深不小于 1m。

（3）更换钻杆、钻头（钻锤）或放置钢筋笼、接导管时，采取措施防止物件掉落孔里。

（4）成孔后，孔口用盖板保护，并设安全警示标志，附近不得堆放重物。

（5）潜水钻机的电钻使用封闭式防水电机，电机电缆不得破损、漏电。

（6）接钻杆时，先停止电钻转动，后提升钻杆。

（7）作业人员不得进入没有护筒或其他防护设施的钻孔中工作。

4. 人工挖孔桩基础施工有哪些安全注意事项？

答：（1）每日开工下孔前需检测孔内空气。当存在有毒、有害气体时，需进行排除，不得用纯氧进行通风换气。

（2）孔上下有可靠的通话联络。孔下作业不得超过两人，每次不得超过 2h。孔上设专人监护。下班时，盖好孔口或设置安全防护围栏。

（3）孔内照明采用安全矿灯或 12V 以下带罩防水、防爆灯具且孔内电缆有防磨损、防潮、防断等保护措施。

（4）当孔深超过 5m 时，用风机或风扇向孔内送风不少于 5min，排除孔内浑浊空气。孔深超过 10m 时，用专用风机向孔内送风，风量不得少于 25L/s。

（5）在孔内上下递送工具物品时，不得抛掷，采取措施防止物件落入孔内。人员上下用软梯。

（6）与设计地质出现差异时停止挖孔，查明原因并采取措施后再进行作业。

（7）开挖桩孔逐层进行，每层高度严格按设计要求施工，不得超挖。每节筒深的土方当日挖完。

（8）根据土质情况采取相应护壁措施防止塌方，第一节护壁高于地面 150～300mm，壁厚比下面护壁厚度增加 100～150mm，便于挡土、挡水。

（9）人力挖孔和绞磨提土操作设专人指挥，并密切配合，绞架刹车装置可靠。吊运土方时孔内人员靠孔壁站立。

（10）提土斗为软布袋或竹篮等轻型工具，吊运土不得满装，防提升掉落伤人。

（11）使用的电动葫芦、吊笼等提土机械安全可靠并配有自动卡紧保险装置。

（12）挖出的土石方及时运离孔口，不得堆放在孔口四周 1m 范围内，堆土高度不应超过 1.5m。机动车辆的通行不得对井壁的安全造成影响。

（13）挖孔完成后，当天验收，并及时将桩身钢筋笼就位和浇筑混凝土。暂停施工的孔口设通透的临时网盖。

5. 锚杆基础施工有哪些安全注意事项?

答：（1）钻机和空气压缩机操作人员与作业负责人之间的通信联络要保持清晰畅通。

（2）钻孔前对设备进行全面检查。进出风管要顺直，连接应良好。注油器及各部螺栓连接紧固。

（3）钻机作业中如发生冲击声或机械运转异常时，要停机进行检查。

（4）风管控制阀操作架加装挡风护板，并设置在上风向。

（5）吹气清洗风管时，风管端口不得对人。

（6）风管不得弯成锐角，风管遭受挤压或损坏时，立即停止使用。

6. 高压旋喷桩基础施工有哪些安全注意事项?

答：（1）安装钻机场地平整，清除孔位及周围的石块等障碍物。安装前检查钻杆及各部件，确保安装部件无变形。

（2）安装钻杆时，应从动力头开始，逐节往下安装，不得将所需钻杆长度在地面上全部接好后一次起吊安装。

（3）高处作业须系好安全带，并在桅杆上固定牢固。

（4）钻孔时要调直桩架桅杆，对好桩位。

（5）启动钻机钻 0.5～1m 深，经检查一切正常后，再继续进钻。

（6）钻机运转时，电工要监护作业，防止电缆线缠入钻杆。

（7）钻进时排出孔口的土应随时清除、运走。清除钻杆和螺旋叶片上的泥土，清除螺旋片泥土要用铁锹进行，严禁用手清除。

7. 钢桩如何堆存才能保证安全？

答：（1）堆存场地平整、坚实、排水畅通。

（2）钢桩的两端有保护措施，钢管桩设保护圈。

（3）钢桩按规格、材质分别堆放，堆放层数不宜过高，钢管桩$\phi900mm$宜放置三层，$\phi600mm$宜放置四层，$\phi400mm$宜放置五层，H形钢桩不宜超过六层，钢管桩的两侧用木（钢）楔塞住，防止滚动。

8. 桩机进场装配有哪些安全注意事项？

答：（1）合理确定桩机停放位置，大吨位（静力压）桩机停置场地平均地基承载力不低于$35kPa$。

（2）装配区域设置围栏和安全标志。

（3）无关人员不得在设备装配现场停留。

9. 桩机拆卸有哪些安全注意事项？

答：（1）切断桩机电源。

（2）在拆卸区域设置围栏和安全标志。

（3）按设备使用手册规定顺序制定拆卸具体步骤。

（4）拆卸、吊运中注意保护桩机设备，不要野蛮操作。

第三节　混凝土工程

1. 模板安装有哪些安全注意事项？

答：（1）在高处安装模板时，作业人员从扶梯上下，不能在模板、支撑上攀登，不得在高处独木或悬吊式模板上行走。

（2）模板钢支撑不能有严重锈蚀、变形、断裂、脱焊、螺栓松动等缺陷。木杆支撑立柱不能有腐朽、扭裂、劈裂等缺陷。

（3）模板支架自成体系，不要与脚手架连接，支架的两端和中部需与建筑结构连接。

（4）支设框架梁模板时，不要站在柱模板上操作，并不得在底模板上行走。

（5）支设柱模板时，其四周应钉牢，操作时需搭设临时作业台或临时脚手架，独立柱或框架结构中高度较大的柱模板安装后要用缆风绳拉牢固定。

（6）平台模板的预留孔洞，要设维护栏杆，模板拆除后，应随时将洞口封闭。

（7）支模过程中，如遇中途停歇，要将已就位的模板或支承联结稳定，不得有空架浮搁，模板在未形成稳定前，不得上人。

2. 模板拆除有哪些安全注意事项？

答：（1）在混凝土达到规定强度后方可进行模板拆除作业。拆模前需清除模板上堆放的杂物，在拆除区域划定并设警戒线，悬挂安全标志，设专人监护，非作业人员不得进入。

（2）拆模作业要按后支先拆、先支后拆，先拆侧模、后拆底模，先拆非承重部分、后拆承重部分的原则逐一拆除。

（3）拆除较大跨度梁下支柱时，要先从跨中开始，分别向两端拆除。拆除多层楼板支柱时，在确认上部施工荷载不需要传递的情况下方可拆除下部支柱。

（4）模板拆除要逐次进行，由上向下先拆除支撑和本层卡扣，同时将模板送至地面，然后再拆除下层的支撑、卡扣、模板。不得采用猛撬、硬砸及大面积撬落或拉倒方法。

（5）钢模板拆除时，U形卡和L形插销逐个拆卸，防止整体塌落。

（6）拆除模板不能抛掷，要用绳索吊下或由滑槽、滑轨滑下。拆下的模板不得堆在脚手架或临时搭设的作业台上。

（7）拆除模板要彻底，不要留有未拆除的悬空模板。作业人员在下班时，需将松动的或悬挂着的模板以及扣件、混凝土块等悬浮物清理。

（8）拆下的模板及时清理，所有朝天钉均拔除或砸平，并运到指定地点集中堆放。

（9）作业人员要佩戴工具袋，作业时将螺栓/螺帽、垫块、销卡、扣件等小物品放在工具袋内，后将工具袋吊下，不要随意抛掷。

（10）高处拆除时，作业人员不要站在正在拆除的模板上。拆卸卡扣时由两人在同一面模板的两侧进行。

3. 混凝土强度达到什么要求才能确保底模及支架安全拆除？

答：当混凝土强度达到设计要求时，方可拆除底模及支架。当设计无具体要求时，同条件养护试件的混凝土抗压强度满足表 2-3 要求方可拆除。

表 2-3　　　　　　　　混凝土抗压强度值

构件类型	构件跨度（m）	按达到设计混凝土强度等级值的百分率计（%）
板	≤2	≥ 50
	>2，≤8	≥ 75
	>8	≥ 100
梁、拱、壳	≤8	≥ 75
	>8	≥ 100
悬臂结构		≥ 100

4. 吊运模板有哪些安全注意事项？

答：（1）作业前要检查绳索、卡具、模板上的吊环，必须完整有效，在升降过程中设专人指挥，统一信号，密切配合。

（2）吊运大块或整体模板时，竖向吊运不少于 2 个吊点，水平吊运不少于 4 个吊点。吊运必须使用卡环连接，并稳起稳落，待模板就位牢固后，方可摘除卡环。

（3）吊运散装模板时，必须码放整齐，待捆绑牢固后方可起吊。

（4）严禁起重机在架空输电线路下面工作。

（5）遇 5 级及以上大风时，停止一切吊运作业。

5. 钢筋搬运有哪些安全注意事项？

答：（1）钢筋搬运、堆放要与电力设施保持安全距离，严防碰撞。搬运时注意钢筋两端摆动，防止碰撞物体或打击人身。

（2）多人抬运钢筋时，有统一指挥，起、落、转、停等动作一致。

（3）人工上下垂直传递时，上下作业人员不要在同一垂直方向上，送料人员要站立在牢固平整的地面或临时建筑物上，接料人员有防止前倾的措施，必要时系安全带。

（4）在建筑物平台或走道上堆放钢筋要分散、稳妥，堆放钢筋的总重量不得超过平台的允许荷重。

（5）在使用吊车吊运钢筋时要绑扎牢固并设控制绳，钢筋不得与其他物件混吊。

（6）起吊安放钢筋笼有专人指挥。先将钢筋笼运送到吊臂下方，吊点设在笼上端，平稳起吊，专人拉好控制绳，不要偏拉斜吊。

6. 钢筋加工有哪些安全注意事项？

答：（1）钢筋加工地要宽敞、平坦，工作台稳固，照明灯具需加设网罩，并搭设作业棚，设置安全标志和安全操作规程。

（2）在焊机操作棚周围，不得堆放易燃物品，并在操作部位配备一定数量的消防器材。

（3）现场施工的照明电线及工器具电源线不准挂在钢筋上。

（4）使用齿口扳弯曲钢筋时，操作台牢固可靠，操作人要用力均匀，防止扳手滑移或钢筋崩断伤人。

（5）使用调直机调直钢筋时，操作人员与滚筒保持一定距离，不要戴手套操作。

（6）钢筋调直到末端时，操作人员要避开，以防钢筋短头舞动伤人，短于 2m 或直径大于 9mm 的钢筋调直，需低速加工。

（7）使用钢筋弯曲机时，操作人员要站在钢筋活动端的反方向，弯曲小于 400mm 的短钢筋时，要防止钢筋弹出伤人。

（8）使用切断机切断大直径钢筋时，在切断机口两侧机座上安装两个角钢挡杆，防止钢筋摆动。切割短于 400mm 的短钢筋时用钳子夹牢，且钳柄不得短于 500mm，不能直接用手把持。

（9）钢筋冷拉直场地要设置防护围栏及安全标志。钢筋采用卷扬机冷拉直时，卷扬机及地锚应按最大工件所需牵引力计算，卷扬机布置需便于操作人员现场观察，前面设防护挡板。或将卷扬机与作业方向成90°布置，并采用封闭式导向滑轮。

（10）冷拉卷扬机使用前需检查钢丝绳是否完好，轧钳及特制夹头的焊缝是否良好，卷扬机刹车是否灵活，确认各部件良好后方可投入使用。

（11）钢筋冷拉直时，发现有滑动或其他异常情况，先停止并放松钢筋后方可进行检修或更换配件。

（12）冷拉卷扬机操作要求专人专管，作业完毕后切断电源方能离开。

（13）钢筋冷拉时沿线两侧 2m 范围内为危险区，一切人员和车辆不得通行。

7. 钢筋安装有哪些安全注意事项？

答：（1）高处钢筋安装时，不要将钢筋集中堆放在模板或脚手架上，脚手架上不能随意放置工具、箍筋或短钢筋。

（2）深基坑内钢筋安装时，在坑边设置安全围栏，坑边 1m 内不能堆放材料和杂物。坑内使用的材料、工具不能上下抛掷。

（3）绑扎框架钢筋时，作业人员不能站在钢筋骨架上，不要攀登柱骨架上下。绑扎柱钢筋，不要站在钢箍上绑扎，不要将木料、管子等穿在钢箍内作脚手板。

（4）4m 以上框架柱钢筋绑扎、焊接时需搭设临时脚手架，不要依附立筋绑扎或攀登上下，柱子主筋需使用临时支撑或缆风绳固定。搭设的临时脚手架要符合脚手架相关规定。

（5）框架柱竖向钢筋焊接要根据焊接钢筋的高度搭设相应的操作平台，平台要牢固可靠，周围及下方的易燃物要及时清理。作业完毕后切断电源，检查现场，确认无火灾隐患后方可离开。

（6）起吊预制钢筋骨架时，下方不得站人，待骨架吊至离就位点 1m 以内时方可靠近，就位并支撑稳固后方可摘钩。

（7）在高处修整、扳弯粗钢筋时，作业人员要选好位置系牢安全带。在高处进行粗钢筋的校直和垂直交叉作业要有安全保证措施。

（8）向孔内下钢筋笼时，两人在笼侧面协助找正，对准孔口慢速下笼、到位固定，人员不得下孔摘除吊绳。

8. 混凝土运输作业有哪些安全注意事项？

答：（1）手推车运送混凝土时，装料不要过满，斜道坡度不超过 1:6。

（2）用翻斗车运送混凝土，道路要通畅，路面要平整、坚实，临时坡道或支架牢固，铺板接头应平顺。

（3）采用吊罐运送混凝土时，钢丝绳、吊钩、吊扣要符合安全要求，连接牢固。吊罐转向、行走缓慢，不要急刹车，吊罐下方不得站人。

（4）吊罐卸料时罐底离浇灌面的高度不能超过 1.2m，吊罐降落的作业平台要校核，确保稳固。

（5）起重机械运送混凝土时，设专人指挥。起吊物需绑牢，吊钩悬挂点与吊物的重心在同一垂直线上。起重机在作业中速度均匀平稳。

（6）采用混凝土搅拌运输车运输时，施工现场车辆出入口处应设置交通安全指挥人员，施工现场道路应顺畅，有条件时宜设置循环车道。危险区域设警戒标志。夜间施工时，有良好的照明。

9. 泵送混凝土有哪些安全注意事项？

答：（1）支腿支承在水平坚实的地面。支腿底部与路面边缘保持一定的安全距离。

（2）输送管线的布置安装牢固，安全可靠，作业中管线不得摇晃、松脱。

（3）泵起动时，人员要避开末端软管可能摇摆触及的危险区域。

（4）建筑物边缘作业时，操作人员要站在安全位置，使用辅助工具引导末端软管，禁止站在建筑物边缘手握末端软管作业。

（5）泵输送管线及臂架与带电线路保持一定的安全距离。

10. 混凝土浇捣有哪些安全注意事项？

答：（1）基坑口搭设卸料平台，平台平整牢固，外低里高（5°左右坡度），并在沿口处设置高度不低于 150mm 的横木。

（2）卸料时基坑内不得有人，不得将混凝土直接翻入基坑内。

（3）浇筑中要随时检查模板、脚手架的牢固情况，发现问题，及时处理。

（4）投料高度超过 2m 时，使用溜槽或串筒。

（5）振捣作业人员要穿好绝缘靴、戴好绝缘手套。搬动振动器或暂停作业需将振动器电源切断。不能将运行中的振动器放在模板、脚手架上。

（6）浇筑框架、梁、柱、墙混凝土时，需架设脚手架或作业平台，不能站在梁或柱的模板、临时支撑上或脚手架护栏上操作。

（7）在混凝土中掺加毛石、块石时，在规定地点抛石或用溜槽溜放。块石不要集中堆放在已绑扎的钢筋或脚手架、作业平台上。

（8）浇捣拱形结构自两边拱脚对称同时进行，浇圈梁、雨棚、阳台要设防护措施。浇捣料仓时，下口先进行封闭，并铺设临时脚手架。

（9）采用冷混凝土施工时，化学附加剂的保管和使用要有严格的管理制度，严防发生误食中毒事故。

（10）浇筑作业完成后，及时清除脚手架上的混凝土余浆、垃圾，不要随意抛掷、倾倒。

11. 混凝土养护有哪些安全注意事项？

答：（1）预留孔洞、基槽等处要设置盖板、围栏和安全标示牌。

（2）蒸汽养护，要设防护围栏或安全标志。电热养护，测温时先停电。用炉火加热养护，人员进入前需先通风。

（3）采用炭炉保温时，棚内需配置足够的消防器材，人员进棚前先进行通风，防止一氧化碳中毒。

（4）冬期养护阶段，作业人员不要进棚内取暖，进棚作业要设专人棚外监护。

（5）混凝土养护人员不要在模板支撑上或在易塌落的坑边走动。

（6）采用暖棚法时，暖棚所用保温材料要具有阻燃特性。地槽式暖棚的槽沟土壁要加固，以防冻土坍塌。

（7）采用蒸汽加热法时，蒸汽热源需设减温减压装置并有压力表监视蒸汽压力。室外部分的蒸汽管道需保温，阀门处挂安全标志。所有阀门的开闭及汽压的调整均由专人操作。只有在蒸汽温度低于40℃时施工作业人员方可进入。

（8）涂刷过氯乙烯塑料薄膜养护基础时，要有防火、防毒措施。

12. 装配式混凝土的预制构件吊运有哪些安全注意事项？

答：（1）根据预制构件形状、尺寸、重量和作业半径等要求选择吊具和起重设备，所采用的吊具和起重设备及施工操作要符合国家现行有关标准及产品应用技术手册的有关规定。

（2）采取措施保证起重设备的主钩位置、吊具及构件重心在竖直方向上重合。吊索与构件水平夹角不宜小于60°，不应小于45°。吊运过程要平稳，不要有偏斜和大幅度摆动。

（3）吊运过程中，设专人指挥，操作人员要位于安全可靠位置，不能有人员随预制构件一同起吊。

第四节　脚手架工程

1. 脚手架施工有哪些基本安全要求？

答：（1）脚手架安装与拆除人员持证上岗，非专业人员不得搭、拆脚手架。作业人员戴安全帽、系安全带、穿防滑鞋。

（2）脚手架安装与拆除作业区域设围栏和安全标示牌，搭拆作业设专人安全监护，无关人员不得入内。

（3）遇六级及以上风、浓雾、雨或雪等天气时停止脚手架搭设与拆除作业。

（4）钢管脚手架要有防雷接地措施，整个架体应从立杆根部引设两处（对角）防雷接地（见图 2–3）。

图 2–3　脚手架防雷接地措施

2. 金属脚手架附近有架空线路时，安全距离有哪些要求？

答：金属脚手架附近有架空线路时，金属架体与架空线路的安全距离需满足表 2–4 要求。

表 2–4　　　　　　　　脚手架与带电体的最小安全距离

电压等级（kV）	安全距离（m）		电压等级（kV）	安全距离（m）	
	沿垂直方向	沿水平方向		沿垂直方向	沿水平方向
≤10	3.00	1.50	±50 及以下	5.00	4.00
20～35	4.00	2.00	±400	8.50	8.00
66～110	5.00	4.00	±500	10.00	10.00
220	6.00	5.50	±660	12.00	12.00
330	7.00	6.50	±800	13.00	13.00
500	8.50	8.00			
750	11.00	11.00			
1000	13.00	13.00			

注　①　750kV 数据是按海拔 2000m 校正的，其他等级数据按海拔 1000m 校正。

②　表中未列电压等级按高一档电压等级的安全距离执行。

3. 脚手架使用有哪些安全注意事项？

答：（1）脚手架搭设后经使用单位和监理单位验收合格后方可使用，使用中定期进行检查和维护（见图 2-4）。

图 2-4　脚手架验收

（2）脚手架每月进行一次检查，在大风暴雨、寒冷地区开冻后以及停用超过一个月时，经检查合格后方可恢复使用。

（3）雨、雪后上脚手架作业要有防滑措施，并清除积水、积雪。

（4）在脚手架上进行电、气焊作业时，有防火措施并配备足够消防器材和专人监护。

（5）脚手架上不得固定泵送混凝土和砂浆的输送管等。不得悬挂起重设备或与模板支架连接。不得拆除或移动架体上安全防护设施。

（6）脚手架使用期间禁止擅自拆除剪刀撑以及主节点处的纵横向水平杆、扫地杆、连墙件。

4. 脚手架拆除有哪些安全注意事项？

答：（1）拆除脚手架自上而下逐层进行，不能上下同时进行拆除作业。禁止先将连墙件整层或数层拆除后再拆脚手架。分段拆除高差不大于两步，如高差大于两步，需增设连墙件加固。

（2）当脚手架拆至下部最后一根长立杆的高度（约 6.5m）时，

先在适当位置搭设临时抛撑加固后，再拆除连墙件。

（3）当脚手架采取分段、分立面拆除时，对不拆除的脚手架两端，先按规定设置连墙件和横向斜撑加固。

（4）连墙件随脚手架逐层拆除，拆除的脚手架管材及构配件，不得抛掷。

5．工具式脚手架的构配件出现哪些情况会影响安全使用，需及时更换或报废?

答：工具式脚手架的构配件，当出现下列情况之一时，应更换或报废：

（1）构配件出现塑性变形的。

（2）构配件锈蚀严重，影响承载能力和使用功能的。

（3）防坠落装置的组成部件任何一个发生明显变形的。

（4）弹簧件使用一个单体工程后。

（5）穿墙螺栓在使用一个单体工程后，凡发生变形、磨损、锈蚀的。

（6）钢拉杆上端连接板在单项工程完成后，出现变形和裂纹的。

（7）电动葫芦链条出现深度超过 0.5mm 咬伤的。

6．扣件式钢管脚手架搭设人员应掌握哪些基本安全技术措施?

答：（1）脚手架所用的钢管、扣件、脚手板、连墙件、密目网等材料要全部进行外观检查，材料经检验合格后才能用于脚手架搭设。

（2）脚手架搭设前，全体施工人员须参加施工安全技术措施或方案交底，并经全员签字确认。

（3）脚手架基础必须夯实硬化，并做到坚实平整、排水畅通，垫板不晃动、不沉降，立杆不悬空。垫板长度不少于两跨，木质垫板厚度不小于 50mm。

（4）纵向扫地杆固定在距离基础上表面≤200mm 处的立杆内侧。横向扫地杆固定在紧靠纵向扫地杆下方的立杆上。立杆基础在不同高度上时，必须将高处的纵向扫地杆向低处延长两跨与立杆固定，高低差不应大于 1m。靠边坡上方的立杆轴线到边坡的距离不应小于 500mm（见图 2-5）。

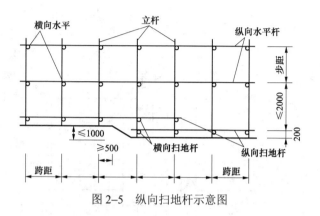

图 2-5 纵向扫地杆示意图

（5）立杆接长在顶层顶步可采用搭接，搭接长度不应小于 1m，采用不小于两个旋转扣件固定。其余各层必须采用对接扣件连接。相邻立杆的对接扣件不得在同一高度，应相互错开。立杆顶端高出女儿墙上端 1m，高出檐口上端 1.5m。

（6）连墙件在建筑物侧一般设置在梁柱或楼板等具有较好抗拉水平力作用的结构部位。在脚手架侧靠近主节点设置，偏离主节点的距离≤300mm。连墙件与脚手架不能水平连接时，与脚手架连接的一端应下斜连接。连墙件优先采用菱形布置，也可采用方形、矩形布置（见图 2-6）。

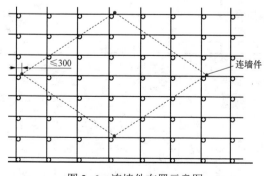

图 2-6 连墙件布置示意图

（7）高度在 24m 及以上的双排脚手架在外侧全立面连续设置剪刀撑。高度在 24m 以下的单、双排脚手架，在外侧两端、转角及中间间隔不超过 15m 的立面上，各设置一道由底至顶连续的剪刀撑。每道剪刀撑宽度不小于 4 跨，且不应小于 6m，斜杆与地面的倾角宜为 45°～60°。剪刀撑杆采用搭接的搭接长度不得小于 1m，采用不少于 3 个旋转扣件固定（见图 2-7）。

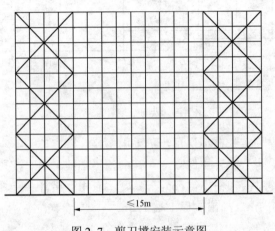

图 2-7　剪刀撑安装示意图

（8）脚手架作业层脚手板必须铺满、铺稳、铺实。脚手板对接平铺时，接头处设两根横向水平杆，脚手板外伸长取 130～150mm，两块脚手板外伸长度的和≤300mm。脚手板搭接铺设时，接头支在横向水平杆上，搭接长度≥200mm，伸出横向水平杆的长度≥100mm（见图 2-8）。

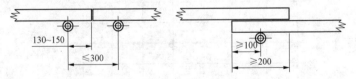

图 2-8　脚手板安装示意图

（9）作业层、斜道的栏杆和挡脚板均搭设在外立杆的内侧，上防护栏杆的高度应为 1.2m，挡脚板高度≥180mm（见图 2-9）。

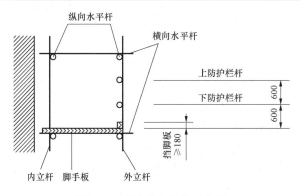

图 2-9　防护栏杆安装示意图

第五节　砌体及装饰装修工程

1. 砌体工程脚手架使用有哪些安全注意事项？

答：（1）墙身砌体高度超过地坪 1.2m 以上时，需搭设脚手架。临时脚手架不能用砖垛或灰斗搭设。

（2）采用里脚手架砌砖时，要布设外侧安全防护网。墙身每砌高 4m，防护墙板或安全网即应随墙身提高。

（3）用里脚手架砌筑突出墙面 300mm 以上的屋檐时，需搭设挑出墙面的脚手架进行施工。

（4）脚手架上堆放的砖、石材料距墙身不小于 500mm，荷重不超过 3kN/m²，砖侧放时不超过三层。一块脚手板上不超过两人同时砌筑作业。

（5）在高处砌砖时，要注意下方是否有人，不要向墙外砍砖。下班前将脚手板及墙上的碎砖、灰浆清扫干净。

2. 吊运砂浆和砌体有哪些安全注意事项？

答：（1）砂浆和砖用滑轮起吊时，要避免碰撞脚手架，吊到位置后，应用铁钩向里拉至操作平台，不要直接用手拉拽吊绳。

（2）采用井字架（升降塔）、门式架起吊砂浆及砖时，需确认升降联络信号。吊笼进出口处设带插销的活动栏杆，吊笼到位后采取防止坠落的安全措施。

3. 石砌体施工有哪些安全注意事项？

答： 往坑、槽内运石料要使用溜槽或吊运。卸料时坑、槽内不能有人。修整石块的作业人员要戴防护眼镜，两人不要对面操作。在脚手架上砌石不能使用大锤。

4. 粉刷、涂饰作业有哪些安全注意事项？

答：（1）装饰时不要将梯子搁在楼梯或斜坡上作业。

（2）室内抹灰使用的工具性脚手架搭设要稳固。脚手板上材料堆放不要过于集中，同一跨度内作业不得超过两人。

（3）仰面粉刷要采取防止粉末等侵入眼内的防护措施。

（4）油漆使用后及时封存，废料及时清理。不要在室内用有机溶剂清洗工器具。

（5）涂刷作业中要采取通风措施，作业人员如感头痛、恶心、心闷或心悸时，立即停止作业并采取救护措施。

（6）溶剂性防火涂料作业时，需按规定佩戴劳保用品，若皮肤沾上涂料应及时使用相应溶剂棉纱擦拭，再用肥皂和清水洗净。

5. 装饰装修工程的现场防火有哪些安全注意事项？

答：（1）易燃物品要相对集中放置在安全区域并设明显标识。施工现场不要大量积存可燃材料。

（2）易燃易爆材料的施工，要避免敲打、碰撞、摩擦等可能出现火花的操作。配套使用的照明灯、电动机、电气开关要有安全防爆装置。

（3）使用油漆等挥发性材料时，要随时封闭其容器。擦拭后的棉纱等物品要集中存放且远离热源。

（4）施工现场动用电气焊等明火时，必须清除周围及焊渣滴落区的可燃物质，并设专人监督。

（5）施工现场需配备灭火器、砂箱或其他灭火工具。

第六节 构支架及拆除工程

1. 人工移动、组装构支架有哪些安全注意事项？

答：（1）人工移动杆段时，要动作协调，滚动前方不得有人。杆段横向移动时，及时将支垫处用木楔掩牢。

（2）利用棍、撬杠拨杆段时，要防止滑脱伤人。

（3）每根杆段设支垫两点，支垫处两侧用木楔掩牢，防止滚动。

（4）横梁、构支架组装时设专人指挥，作业人员配合一致，防止挤伤手脚。

2. 构支架搬运有哪些安全注意事项？

答：（1）钢构支架、水泥杆在现场倒运时，宜采用起重机械装卸，装卸时应控制杆段方向。装车后绑扎、楔牢，防止滚动、滑脱，并不得采用直接滚动方法卸车。

（2）运输重量大、尺寸大、集中排组焊的钢管构架，车辆上要设置支撑物，且应牢固可靠。车辆行驶确保平稳、缓慢。

（3）构架摆好后绑扎牢固，确保车辆行驶中架构不发生摇晃。

3. 构支架吊装应采取哪些安全措施？

答：（1）吊装作业要有专人负责、统一指挥，各个临时拉线设专人松紧，各个受力地锚有专人看护。

（2）吊件离地面约 100mm 时，停止起吊，全面检查确认无问题后，方可继续，起吊应平稳。

（3）在杆根部揳铁（木）及临时拉线未固定好之前，不得登杆作业。

（4）起吊横梁时，在吊点处对吊带或钢丝绳采取防磨损措施，并在横梁两端分别系控制绳，控制横梁方位（见图 2-10）。

（5）横梁就位时，构架上的施工作业人员不得站在节点顶上。横梁就位后，应及时固定。二次浇灌混凝土未达到规定的强度时，不得拆除临时拉线。

图 2–10　防磨损措施

（6）构支架组立完成后，及时将构支架进行接地。

4. 固定构架的临时拉线满足哪些要求才能保证安全?

答：拉线要使用钢丝绳，固定在同一个临时地锚上的拉线最多不超过两根。

5. 拆除作业有哪些安全注意事项?

答：（1）人工或机械拆除要自上而下、逐层分段进行，先拆除非承重结构，再拆除承重结构，不得数层同时拆除，不得垂直交叉作业，作业面的孔洞应封闭。当拆除某一部分时，应防止其他部分发生倒塌。

（2）人工拆除建筑墙体时，不得采用掏掘或推倒方法。

（3）在拆除与建筑物高度一致的水平距离内有其他建筑物时，不得采用推倒的方法。

（4）建筑物的栏杆、楼梯及楼板等应与建筑物整体同时拆除，不得先行拆除。

（5）拆除框架结构建筑，应按楼板、次梁、主梁、柱子的顺序进行。建筑物的承重支柱及横梁，待其所承担的结构全部拆除后方可拆除。

（6）对只进行部分拆除的建筑，应先将保留部分加固，再进行分离拆除。

（7）拆除时，楼板上不应多人聚集或集中堆放拆除下来的材料。

（8）拆除时，如所站位置不稳固或在 2m 以上的高处作业时，应系好安全带并挂在暂不拆除部分的牢固结构上。

（9）拆除轻型结构屋面时，不得直接踩在屋面上，应使用移动板或梯子，并将其上端固定牢固。

（10）地下建筑物拆除前，应将埋设的力能管线切断。如遇有毒气体管路，应由专业部门进行处理。

（11）对地下构筑物及埋设物采用爆破法拆除时，在爆破前应按其结构深度将周围的泥土全部挖除。留用部分或其靠近的结构应用沙袋加以保护，其厚度不得小于 500mm。

（12）用爆破法拆除建筑物部分结构时，应确保保留部分的结构完整。爆破后发现保留部分结构有危险征兆时，应立即采取安全措施。

6. 拆除工程的现场清理作业有哪些安全注意事项？

答：（1）拆除后的坑穴要填平或设围栏，拆除物要及时清理。

（2）清理管道及容器时，需查明残留物性质，采取相应措施后方可进行。

（3）现场清挖土方遇接地网及力能管线时，应及时向有关部门汇报，并做出妥善处理。

第七节 爆 破 工 程

1. 爆破作业项目安全评估内容有哪些？

答：（1）爆破作业单位的资质是否符合规定。

（2）爆破作业项目的等级是否符合规定。

（3）设计所依据的资料是否完整。

（4）设计方法、设计参数是否合理。

（5）起爆网路是否可靠。

（6）设计选择方案是否可行。

（7）存在的有害效应及可能影响的范围是否全面。

（8）保证工程环境安全的措施是否可行。

（9）制定的应急预案是否适当。

2. 爆破作业项目需具有何种证件才能进行爆破施工？

答：（1）作业所在地区的市级公安机关核发的《民用爆炸物品购买许可证》，同时按载明的品种、数量及许可的期限，从销售民用爆炸物品的企业购买。

（2）公安机关核发的《民用爆炸物品运输许可证》，按照许可的品种、数量、承运人、运输期限等内容运输。

3. 爆破警戒有哪些安全要求？

答：（1）装药警戒范围由爆破技术负责人确定。装药时应在警戒区边界设置明显标识并派出岗哨。

（2）爆破警戒范围由设计确定。在危险区边界，应设有明显标识，并派出岗哨。

（3）执行警戒任务的人员，应按指令到达指定地点并坚守工作岗位。

（4）靠近水域的爆破安全警戒工作，除按上述要求封锁陆岸爆区警戒范围外，还应对水域进行警戒。水域警戒应配有指挥船和巡逻船，其警戒范围由设计确定。

4. 露天爆破的一般安全规定有哪些？

答：（1）露天爆破作业时，应建立避炮掩体，避炮掩体应设在冲击波危险范围之外。掩体结构应坚固紧密，位置和方向应能防止飞石和有害气体的危害。通达避炮掩体的道路不应有任何障碍。

（2）起爆站应设在避炮掩体内或设在警戒区外的安全地点。

（3）露天爆破时，起爆前应将机械设备撤至安全地点或采用就地保护措施。

（4）雷雨天气、多雷地区和附近有通信机站等射频源时，进行露天爆破不应采用普通电雷管起爆网路。

（5）松软岩土或砂矿床爆破后，应在爆区设置明显标识，发现空穴、陷坑时应进行安全检查，确认无危险后，方准许恢复作业。

（6）在寒冷地区的冬季实施爆破，应采用抗冻爆破器材。

（7）硐室爆破爆堆开挖作业遇到未松动地段时，应对药室中心线及标高进行标示，确认是否有硐室盲炮。

（8）当怀疑有盲炮时，应设置明显标识并对爆后挖运作业进行监督和指挥，防止挖掘机盲目作业引发爆炸事故。

（9）露天岩土爆破严禁采用裸露药包。

5. 什么情况下不应进行爆破作业？

答：（1）距工作面 20m 以内的风流中瓦斯含量达到 1%或有瓦斯突出征兆的。

（2）爆破会造成巷道涌水、堤坝漏水、河床严重阻塞、泉水变迁的。

（3）岩体有冒顶或边坡滑落危险的。

（4）硐室、炮孔温度异常的。

（5）地下爆破作业区的有害气体浓度超标的。

（6）爆破可能危及建（构）筑物、公共设施或人员的安全而无有效防护措施的。

（7）作业通道不安全或堵塞的。

（8）支护规格与支护说明书的规定不符或工作面支护损坏的。

（9）危险区边界未设警戒的。

（10）光线不足且无照明或照明不符合规定的。

（11）未按标准要求作好准备工作的。

第三章 变 电 电 气

第一节 一 次 设 备 安 装

1. 什么规格的油浸变压器、电抗器安装前应编写安全施工措施?

答: 110kV 及以上或容量 30MVA 及以上的油浸变压器、电抗器安装前应依据安装使用说明书编写安全施工措施，并进行交底（见图 3–1）。

图 3–1 安装前进行安全交底

2. 110kV 及以上变压器、电抗器吊芯或吊罩检查有哪些安全事项?

答:（1）变压器、电抗器吊罩（吊芯）方式符合规范及厂家技术要求。

（2）外罩（芯部）落地放置要在外围干净支垫上，如外罩受条件限制需要在芯部上方进行芯部检查，芯部铁芯上需要采用干净垫

木支撑，并在起吊装置采取安全保护措施后再开始检查。

（3）芯部检查作业过程禁止攀登引线木架上下，梯子不应直接靠在线圈或引线上。

3. 充氮的变压器、电抗器需吊罩检查时，有哪些安全事项？

答：充氮的变压器、电抗器需吊罩检查时，必须让器身在空气中暴露 15min 以上，待氮气充分扩散，要进入的箱体内部经检查氧含量不小于 18%后进行。

4. 进行变压器、电抗器内部检查有哪些安全事项？

答：（1）内部检查应以制造厂服务人员为主，现场施工人员配合，进行内检的人员不超过 3 人。

（2）当油箱内的含氧量达到 18%以上时，人员才能进入。

（3）在内检过程中，必须向箱体内持续补充露点低于–40℃的干燥空气，以保证含氧量不低于 18%，相对湿度不大于 20%。

5. 变压器、电抗器内部作业有哪些安全事项？

答：（1）通风和安全照明应良好，并设专人监护。

（2）作业人员穿无纽扣、无口袋的工作服、耐油防滑靴等专用防护用品。

（3）带入的工具要拴绳、登记、清点，防止工具及杂物遗留在器身内。

6. 变压器、电抗器干燥有哪些安全事项？

答：（1）变压器进行干燥要制定安全技术措施及管理制度。

（2）干燥变压器使用的电源容量及导线规格满足使用要求，电路中有继电保护装置。

（3）干燥变压器时，根据干燥的方式，在相应位置装设温控计（温度计），但不使用水银温度计。

（4）干燥变压器要设值班人员和必要的监视设备，做好记录。

（5）采用绕组短路干燥时，短路线要连接牢固。采用涡流干燥时，要使用绝缘线。连接及干燥过程要防止触电。

（6）干燥变压器现场不放易燃物品，配备足够的消防器材。

（7）干燥过程变压器外壳要可靠接地。

7. 为防止出口及近区短路，变压器在什么地方考虑绝缘？

答：变压器 35kV 及以下低压母线要绝缘化。10kV 的线路、变电站出口 2km 内最好采用绝缘导线。

8. 油浸变压器、电抗器在放油及滤油过程中，什么部件需要接地？

答：油浸变压器、电抗器在放油及滤油过程中，外壳、铁芯、夹件及各侧绕组要可靠接地，储油罐和油处理设备要可靠接地，防止静电火花。

9. 对充油设备进行补焊时，有哪些安全事项？

答：（1）变压器、电抗器的油面呼吸畅通。

（2）焊接部位应在油面以下。

（3）应采用气体保护焊或断续的电焊。

（4）焊点周围油污应清理干净。

10. SF_6 气瓶搬运和保管应有哪些安全事项？

答：（1）SF_6 气瓶的安全帽、防振圈应齐全，安全帽应拧紧。搬运时应轻装轻卸，禁止抛掷、溜放。

（2）SF_6 气瓶应存放在防晒、防潮和通风良好的场所。不得靠近热源和油污的地方，水分和油污不应粘在阀门上。

（3）SF_6 气瓶不得与其他气瓶混放。

11. 在 SF_6 电气设备上及周围的作业应注意哪些安全事项？

答：（1）在室内充装 SF_6 气体时应开启通风系统，作业区空气中 SF_6 气体含量不超过 $1000\mu L/L$。

（2）作业人员进入含有 SF_6 电气设备的室内时，入口处若无 SF_6

气体含量显示器，先通风 15min 以上，并检测 SF_6 气体含量是否合格，不单独进入 SF_6 配电装置室内作业。

（3）进入 SF_6 电气设备低位区域或电缆沟进行作业时，应先检测含氧量（不低于 18%）和 SF_6 气体含量（不超过 1000μL/L）。

（4）在打开充气设备密封盖作业前，需要确认内部压力已经全部释放。

（5）取出 SF_6 断路器、组合电器中的吸附物时，使用防护手套、护目镜及防毒口罩、防毒面具（或正压式空气呼吸器）等个人防护用品，清出的吸附剂、金属粉末等废物按照规定处理。

（6）在设备额定压力为 0.1MPa 及以上时，压力瓷套周围不应进行有可能碰撞瓷套的作业，否则应事先对瓷套采取保护措施。

（7）断路器未充气到额定压力状态不进行分、合闸操作。

12. SF_6 气体回收、抽真空及充气作业应有哪些安全事项？

答：（1）对 SF_6 断路器、组合电器进行气体回收使用气体回收装置，作业人员戴手套和口罩，并站在上风口。

（2）SF_6 气体不向大气排放。

（3）从 SF_6 气瓶引出气体时，使用减压阀。当瓶内压力降至 0.1MPa 时，即停止引出气体，并关紧气瓶阀门，戴上瓶帽。

（4）SF_6 电气设备发生大量泄漏等紧急情况时，人员迅速撤出现场，室内开启所有排风机进行排风。

13. 串联补偿装置绝缘平台安装时有哪些安全事项？

答：（1）绘制施工平面布置图。

（2）绝缘平台吊装、就位过程中要注意平衡、平稳，就位时各支撑绝缘子受力均匀，防止单个绝缘子超载。

（3）绝缘平台就位调整固定前采取临时拉线，斜拉绝缘子的就位及调整固定过程中起重机械保持起吊受力状态。

（4）绝缘平台斜拉绝缘子就位及调整固定完成后，方可解除临时拉线等安全保护措施。

14. GIS 箱体内检有哪些安全事项？

答：预充氮气的箱体先经排氮，然后补充干燥空气，箱体内空气中的含氧量必须达到 18%以上时，安装人员才允许进入内部进行检查或安装。

15. 交流（直流）滤波器安装应注意哪些安全事项？

答：（1）支撑式电容器组安装前，绝缘子支撑调节完成并锁定。悬挂式电容器组安装前，结构紧固螺栓复查完成。

（2）起吊用的用品、用具符合要求，单层滤波器整体吊装在两端系绳控制，防止摆动过大，设备开始吊离地面约 100mm 时，先仔细检查吊点受力和平衡再起吊，起吊过程中保持滤波器层架平衡。

（3）吊车、升降车、链条葫芦的使用需在专人指挥下进行。

（4）安装就位高处组件时有高处作业防护措施。

（5）高处作业工器具使用专用工具袋（箱）并放置可靠，以免晃动过大致使工具滑落。

（6）高处平台对接时，平台区域内下方人员不得进入。

16. 互感器、避雷器安装时应注意哪些安全事项？

答：（1）运输、放置、安装、就位应按产品技术要求执行，防止倾倒或遭受机械损伤。

（2）起吊索固定在专门的吊环上，并不得碰伤瓷套，不利用伞裙作为吊点进行吊装。

17. 在哪些情况下不得搬运开关设备？

答：（1）隔离开关、闸刀型开关的刀闸处在活动位置时。

（2）断路器、气动低压断路器、传动装置以及有退回弹簧或自动释放的开关，在合闸位置和未锁好时。

18. 大型干式电抗器安装应注意哪些安全事项？

答：（1）使用产品专用吊具或制造厂认可的吊具。

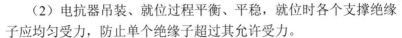

（2）电抗器吊装、就位过程平衡、平稳，就位时各个支撑绝缘子应均匀受力，防止单个绝缘子超过其允许受力。

（3）电抗器就位后，在安全保护措施完善后再进行电抗器下部的作业。

19. 穿墙套管安装应注意哪些安全事项？

答：（1）220kV 及以上穿墙套管安装前根据安装使用说明书编写施工安全技术措施。

（2）大型穿墙套管安装使用产品专用吊具或制造厂认可的吊具。

（3）大型穿墙套管吊装、就位过程平衡、平稳，两侧联系通畅，统一指挥。高处作业人员使用的高处作业机具或作业平台安全可靠。

20. 安装镉镍碱性蓄电池组应注意哪些安全事项？

答：（1）配制和存放电解液使用耐碱器具，并将碱慢慢倒入蒸馏水或去离子水中，用干净耐碱棒搅动。

（2）装有催化栓的蓄电池初充电前先将催化栓旋下，等初充电全过程结束后重新装上。

（3）带有电解液并配有专用防漏运输螺塞的蓄电池，初充电前需取下运输螺塞换上的孔气塞，并检查液面，液面不应低于下液面线。

21. 蓄电池安装应注意哪些安全事项？

答：（1）电池外壳，不使用合成纤维织物或海绵擦拭，也不使用有机溶剂清洗。

（2）搬运电池时不触动极柱和安全阀。安装或搬运电池时戴绝缘手套、围裙和防护眼镜。紧固连接件时所用的工具要带有绝缘手柄。

（3）如是镉镍碱性蓄电池还要满足其规定。

22. 蓄电池的直流电缆安装应注意什么？

答：（1）采用阻燃电缆。阻燃电缆结构示意图如图 3–2 所示。

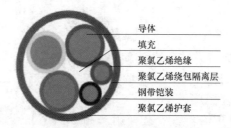

RVVZ22 3+2
芯钢带铠装电缆结构图

导体
填充
聚氯乙烯绝缘
聚氯乙烯绕包隔离层
钢带铠装
聚氯乙烯护套

图 3-2　阻燃电缆结构示意图

（2）两组蓄电池的电缆分别铺设在各自独立的通道内，尽量避免与交流电缆并排铺设（见图 3-3）。

图 3-3　蓄电池电缆设独立通道

（3）在穿越电缆竖井时，两组蓄电池电缆加穿金属套管。

23. 软母线安装时应注意哪些安全事项？

答：（1）测量母线档距时要有安全措施，在带电体周围不使用钢卷尺、夹有金属丝皮卷尺和线尺等进行测量作业。

（2）选用与线盘相匹配的放线架，且架设平稳。放线人员站在线盘的侧后方，当放到线盘上的最后几圈时，采取措施防止导线突然蹦出。

（3）切割导线前，先将切割处的两侧扎紧并固定好，防止导线割断后散开或弹起。处理好导线切割面毛刺。

（4）新架设的母线与带电母线邻近或平行时要接地。

（5）母线架设要统一指挥，在架线时导线下方不得有人站立或行走。

（6）紧线要缓慢，避免导线出现挂阻情况，防止导线受力后突然弹起，人员禁止跨越正在收紧的导线。

（7）软母线引下线与设备连接前先临时固定，不任意悬空摆动。

（8）在软母线上作业前先检查金具连接是否良好。

24. 导线压接时应注意哪些安全事项？

答：（1）导线压接用的液压机的压力表要完好，液压机的油位要正常。压接操作过程中有专人监视压力表读数，不超压或在夹盖未固定到位的状态下使用。

（2）压接用液压机的操作者位于压钳作用力方向侧面进行观察，防止超压损坏机械，所有连接部位确保连接状态良好，如发现有不良现象先消除后再进行作业。

（3）压接用钢模规格与导线金具配套，对钢模进行定期检查，如发现有裂纹或变形，停止使用。

第二节　盘柜安装、电缆敷设及二次接线

1. 盘、柜拆箱后应有哪些安全事项？

答：（1）立即将箱板等杂物清理干净，以免阻塞通道或钉子扎脚，并将盘、柜搬运至安装地点摆放或安装，防止受潮、雨淋。

（2）盘、柜就位要防止倾倒伤人和损坏设备，撬动就位时配备足够人力，统一指挥。在狭窄处防止挤伤。

（3）盘、柜底加垫时不将手伸入底部，防止安装时挤轧手脚。

（4）盘、柜在安装固定好以前，要防止倾倒，特别是重心偏在一侧的盘柜。对变送器等稳定性差的设备，安装就位后立即将全部安装螺栓紧好，禁止浮放。

（5）盘、柜内的各式熔断器，凡直立布置者上口接电源，下口

接负荷。

（6）施工区周围的孔洞采取措施可靠的遮盖（见图3-4），防止人员摔伤。

图 3-4 采用沟盖板进行孔洞遮盖

2. 盘柜及操作箱等需要部分带电时应注意哪些安全事项？

答：（1）需要带电的系统，其所有设备的接线已安装调试完毕，并设立临时运行设备名称及编号标志。

（2）带电系统与非带电系统有明显可靠的隔断措施，并设带电标志（见图3-5）。

（3）部分带电的装置遵守运行的有关管理规定，并设专人管理。

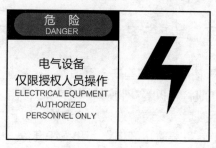

图 3-5 带电标志

3. 电缆管配制及电缆架安装应注意哪些安全事项？

答：（1）电缆管采用专门的机械弯制。采用加热弯制时有防火措施，管内所装的沙子要干燥。

（2）电缆支架安装牢固，且在放电缆前进行检查（见图3-6）。

图 3-6 放电缆前对支架进行检查

4. 电缆运输应注意哪些安全事项？

答：运输电缆盘时，要防止电缆盘在车、船上滚动。盘上的电缆头要固定好。卸电缆盘不从车、船上直接推下（见图 3-7）。滚动电缆盘的地面要平整，不滚动破损的电缆盘。

图 3-7 电缆盘卸车及固定

5. 电缆敷设应注意哪些安全事项？

答：（1）电缆敷设前，清理干净电缆沟及电缆夹层，并有足够的照明。

（2）线盘架设选用与线盘相匹配的放线架（见图3-8），架设平稳。放线人员站在线盘的侧后方。当放到线盘上的最后几圈时，采取措施防止电缆突然蹦出。

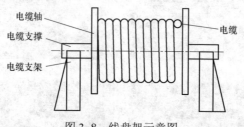

图3-8　线盘架示意图

（3）电缆敷设时，盘边缘距地面不小于100mm，电缆盘转动力量要均匀，速度要缓慢平稳。

（4）电缆敷设由专人指挥、统一行动，并有明确的联系信号，不在无指挥信号时随意拉引，以防人员肢体受伤。

（5）机械敷设电缆时，在牵引端宜制作电缆拉线头，保持匀速牵引，遵守有关操作规程，加强巡视，有可靠的联络信号。电缆敷设时特别注意多台机械运行中的衔接配合与拐弯处的情况。

（6）电缆敷设时，不在电缆或桥、支架上攀吊或行走。

（7）电缆通过孔洞、管子或楼板时，两侧设专人监护。在入口侧防止电缆被卡或手被带入孔内，出口侧的人员不在正面接引。

（8）在高处、临边敷设电缆时，有防坠落措施。直接站在梯式电缆架上作业时，先核实其强度。强度不够时，采取加固措施。不攀登组合式电缆架、吊架和电缆。

（9）电缆敷设时，拐弯处的作业人员站在电缆外侧。

（10）电缆敷设时，临时打开的孔洞设围栏或安全标志，完工后立即封闭。

（11）进入带电区域内敷设电缆时，先取得运维单位同意，办理工作票，设专人监护，采取安全措施，保持安全距离，防止误碰运行设备，不要踩踏运行电缆。

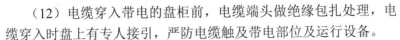

（12）电缆穿入带电的盘柜前，电缆端头做绝缘包扎处理，电缆穿入时盘上有专人接引，严防电缆触及带电部位及运行设备。

（13）运行屏内进行电缆施工时，设专人监护，做好带电部分遮挡，核对完电缆芯线后及时包扎好芯线金属部分，防止误碰带电部分，并及时清理现场。

（14）电缆敷设经过的建筑隔墙、楼板、电缆竖井，以及屏、柜、箱下部电缆孔洞间均要封堵，其中楼板、电缆竖井封堵支架和隔板的设计及施工能承受工作人员荷载。

6. 热缩电缆头动火制作应注意哪些安全事项？

答：（1）热缩电缆头制作需动火时开具动火工作票，落实动火安全责任和措施。

（2）作业场所 5m 内无易燃易爆物品，通风良好。

（3）火焰枪气管和接头密封良好。

（4）做完电缆头后及时熄灭火焰枪（喷灯），并清除杂物。

第三节　试　验　调　试

1. 试验与调试中应注意哪些通用安全事项？

答：（1）试验人员具有试验专业知识，充分了解被试设备和所用试验设备、仪器的性能。试验设备合格有效。

（2）进行系统调试作业前，先了解系统设备状态。对与运行设备有联系的系统进行调试需要办理工作票，同时采取隔离措施，并设专人监护。

（3）通电试验过程中，试验和监护人员不中途离开。

（4）试验电源按电源类别、相别、电压等级合理布置，并在明显位置设立安全标志。试验场所有良好的接地线，试验台上及台前根据要求铺设橡胶绝缘垫。

2. 高压试验应注意哪些安全事项？

答：（1）进行高压试验时，明确试验负责人，试验人员不少于两人，试验负责人是作业的安全责任人，对试验作业的安全全面负责。

（2）高压试验设备和被试验设备的接地端或外壳接地可靠，低压回路中有过载自动保护装置的开关并串用双极刀闸。接地线采用多股编织裸铜线或外覆透明绝缘层铜质软绞线或铜带，接地线的截面满足相应试验项目要求，且不小于 4mm²。动力配电装置上所用的接地线其截面不小于 25mm²。

（3）现场高压试验区域设置遮栏或围栏，向外悬挂"止步，高压危险！"的安全标志牌，并设专人看护，被试设备两端不在同一地点时，另一端派人看守。

（4）电气设备在进行耐压试验前，先测定绝缘电阻，测量绝缘电阻时，被试设备与电源断开，测量用的导线使用相应电压等级的绝缘导线，其端部有绝缘套。

（5）高压引线的接线牢固，并采用专用的高压试验线，试验中的高压引线及高压带电部件至邻近物体及遮栏的距离满足安全距离的规定。

（6）合闸前先检查接线，包括使用规范的短路线，表计倍率、量程、调压器零位及仪表的开始状态均正确无误，并通知现场人员离开高压试验区域。

（7）高压试验有监护人监视操作，试验负责人许可后，方可加压。加压过程中，监护人传达口令清楚准确，操作人员复述应答。

（8）高压试验操作人员穿绝缘靴或站在绝缘台（垫）上，并戴绝缘手套。

（9）试验用电源有断路明显的开关和电源指示灯。更改接线或试验结束时，首先断开试验电源，再进行充分放电，并将升压设备的高压部分短路接地。

（10）试验中人员与带电体的安全距离，对应被试验设备的电压等级满足邻近带电体作业人员正常活动范围与带电设备的安全距离的规定。

（11）对高压试验设备和试品放电应使用接地棒，接地棒绝缘长度按安全作业的要求选择，但最小长度不小于 1000mm，其中绝缘部分不得小于 700mm。试验后被试设备充分放电。从接地棒接触高压试验设备和试品高压端至试验人员能接触的时间不短于 3min，对大容量试品的放电时间大于 5min。放电后将接地棒挂在高压端，保持接地状态，再次试验前取下。

（12）对大电容的直流试验设备和试品，以及直流试验电压超过 100kV 的设备和试品接地放电时，先用带电阻的接地棒或临时代用的放电电阻放电，然后再直接接地或短路放电。

（13）遇有雷电、雨、雪、雹、雾和六级以上大风时停止高压试验。

（14）试验中如发生异常情况，先立即断开电源，并经充分放电、接地后方可检查。

（15）试验结束后，要检查被试设备上有无遗忘的工具、导线及其他物品，拆除临时围栏或标志旗绳，并将被试验设备恢复原状。

3. 交流、直流试验时的安全距离是多少？

答：交流、直流试验时的安全距离见表 3-1。

表 3-1 交流和直流试验的安全距离

试验电压 （kV）	安全距离 （m）	试验电压 （kV）	安全距离 （m）
200	1.5	1000	7.2
500	3.0	1500	13.2
750	4.5		

注 ① 表中未列电压等级按高一档电压等级确定安全距离。

② 试验电压交流为有效值，直流为最大值。

③ 适用于海拔不高于 1000m 地区，对用于海拔高于 1000m 地区，按 GB 311.1《高压输变电设备的绝缘配合》中海拔校正规定进行修正。

4. 邻近带电部分作业时人员安全距离是多少？

答：作业人员工作中正常活动范围与带电设备的安全距离见表 3-2。

表 3-2　　作业人员工作中正常活动范围与带电设备的安全距离

电压等级 （kV）	安全距离 （m）	电压等级 （kV）	安全距离 （m）
10 及以下	0.70	±50 及以下	1.50
20、35	1.00	±400	6.70
66、110	1.50	±500	6.80
220	3.00	±660	9.00
330	4.00	±800	10.10
500	5.00		
750	8.00		
1000	9.50		

注　① ±400kV 数据按海拔 3000m 校正，海拔 4000m 时安全距离为 6.80m，海拔 1000m
　　　 时安全距离为 5.50m。750kV 数据按海拔 2000m 校正，其他电压等级数据按海拔
　　　 1000m 校正。

　　② 表中未列电压等级按高一档电压等级的安全距离执行。

5. 换流站直流高压试验的安全注意事项有哪些?

答：（1）进行晶闸管（可控硅）高压试验前，停止区域内其他作业，撤离无关人员。进行低压通电试验时，试验人员与试验带电体保持 0.7m 以上的安全距离，试验人员不得接触阀塔屏蔽罩。

（2）地面试验人员与阀体层人员保持联系，防止误加压。阀体作业层设专责监护人（在与阀体作业层平行的升降车上监护、指挥），加压过程中有人监护并复述。

（3）换流变压器高压试验前通知阀厅内高压穿墙套管侧无关人员撤离，并派专人监护。

（4）阀厅内高压穿墙套管试验加压前通知阀厅外侧换流变压器等设备上无关人员撤离，确认其余绕组均已可靠接地，并派专人监护。

（5）高压直流系统带线路空载加压试验前，要确认对侧换流站相应的直流线路接地刀闸、极母线出线隔离开关、金属回线隔离开关在拉开状态。

（6）单极金属回线运行时，不对停运极进行空载加压试验。

（7）背靠背高压直流系统一侧进行空载加压试验前，先检查另一侧换流变压器是否处于冷备用状态。

6. 二次回路传动试验及其他试验应注意哪些安全事项？

答：（1）对电压互感器二次回路做通电试验时，二次回路与电压互感器断开，一次回路与系统隔离，拉开隔离开关或取下高压侧熔断器。

（2）对电磁感应式电流互感器一次侧进行通电试验时，二次回路禁止开路，短路接地使用短接片或短接线。

（3）进行与已运行系统有关的继电保护、自动装置及监控系统调试时，将有关部分断开或隔离，申请退出运行，做一、二次传动或一次通电时事先通知，必要时有运维人员和有关人员配合作业，严防误操作。

（4）运行屏上拆接线时在端子排外侧进行，拆开的线包好，并注意防止误碰其他运行回路，禁止将运行中的电流互感器二次回路开路及电压互感器二次回路短路、接地。拆除与运行设备有关联回路时，先拆运行设备端，后拆另一端。其余回路一般先拆电源端，后拆另一端。二次回路接线时，先接扩建设备侧，后接运行设备侧。

（5）做断路器、隔离开关、有载调压装置等主设备远方传动试验时，主设备处设专人监视，并有通信联络及相应应急措施。

（6）测量二次回路的绝缘电阻时，被试系统内切断电源，其他作业应暂停。

（7）使用钳形电流表时，其电压等级与被测电压相符。测量时戴绝缘手套、站在绝缘垫上。

（8）使用钳形电流表测量高压电缆线路的电流时，设专人监护，钳形电流表与高压裸露部分的距离不小于规定数值。

（9）在光纤回路测试时采取相应的防护措施，防止激光对人眼造成伤害。

7. 钳形电流表与带电电缆高压裸露部分的距离应不小于多少？

答：钳形电流表与带电电缆高压裸露部分的最小距离见表3-3。

电压等级 （kV）	1~3	6	10	20	35	60	110
最小允许距离 （mm）	500	500	500	700	800	1000	1300

表 3-3　　　　　钳形电流表与高压裸露部分的最小距离

8. 智能变电站调试应注意哪些安全事项？

答：（1）试验人员熟悉本站网络结构、本站 SCD 文件及待校验装置配置、涉的交换机连接及 VLAN 划分方式。

（2）试验人员熟悉待校验装置与运行设备（包括交换机等）的隔离点，做好安全隔离措施，必要时可以拔出保护跳闸出口的光纤，盖上护套并做好记录、标识。

（3）试验仪器符合 DL/T 624—2010《继电保护微机型试验装置技术条件》的规定，并检验合格。

（4）试验前确保待校验装置的检修压板处于投入状态，并确认装置输出报文带检修位。

（5）对智能终端和合并单元进行试验时，明确其影响范围。在影响范围内的保护装置退出相应间隔，必要时可以申请保护装置和一次设备退出运行。

（6）试验中核对停役设备的范围，不得投入运行中合并单元的检修压板。

（7）试验过程中禁止将随身携带的笔记本等未经过网络安全检验的设备直接接入变电站网络交换机。

（8）装置校验时，装置内远方修改定值、远方修改软压板、远方修改定值区功能要退出，保证校验过程中软压板不会误投退。

（9）校验结束后，按记录、标识恢复每个端口的光纤，并核对其与校验前一致，检查装置通信恢复情况，确认所有装置连接正确无断链告警。

（10）传动前，将合并单元、控制保护装置、智能终端设备的检修压板合上。试验完成后，再将所有检修压板退出。

9. 电气设备在通电及启动前应注意哪些安全事项？

答：（1）通道及出口畅通，隔离设施完善，孔洞堵严，沟道盖板完整，屋面无漏雨、渗水情况。

（2）照明充足、完善，有适合于电气灭火的消防设施。

（3）房门、网门、盘门该锁的已锁好，安全标志明显、齐全。

（4）人员组织配套完善，操作保护用具齐备。

（5）工作接地及保护接地符合设计要求。

（6）通信联络设施足够、可靠。

（7）所有开关设备均处于断开位置。

（8）所有待启动设备不得有施工及试验的遗留物。

10. 用系统电压、负荷电流检查保护装置时应做到什么？

答：（1）作业开始前工作票经运维人员许可，并检查相应的安全措施。

（2）有防止操作过程中电流互感器二次回路开路、电压互感器二次回路短路的措施。

（3）带负荷切换二次电流回路时，操作人员站在绝缘垫上或穿绝缘鞋。

（4）操作过程应有专人监护。

第四节　改扩建工程

1. 改扩建工程的安全基本要求是什么？

答：（1）开工前，施工单位编制施工区域与运行部分的物理和电气隔离方案，并经设备运维单位会审确认。

（2）施工电源采用临时施工电源的按施工用电的相关规定执行，当使用站内检修电源时，应经设备运维单位批准后在指定的动力箱内引出，不得随意变动。

2. 与运行区域不停电设备的安全距离是多少？

答：无论高压设备是否带电，作业人员不得单独移开或越过遮栏进行作业。若有必要移开遮栏时，应有监护人在场，符合表 3–4 规定的安全距离。

表 3–4　　　　　　与运行区域不停电设备的安全距离

电压等级 （kV）	安全距离 （m）	电压等级 （kV）	安全距离 （m）
10 及以下（13.8）	0.70	±50 及以下	1.50
20、35	1.00	±400	5.90
66、110	1.50	±500	6.00
220	3.00	±660	8.40
330	4.00	±800	9.3
500	5.00		

3. 如何区别应用变电站两种工作票？

答：变电站第一种工作票应用要求：

（1）需要高压设备全部停电、部分停电或做安全措施的工作。

（2）在高压设备继电保护、安全自动装置和仪表、自动化监控系统等及其二次回路上工作，需将高压设备停电或做安全措施者。

（3）通信系统同继电保护、安全自动装置等复用通道（包括载波、微波、光纤通道等）的检修、联动试验需将高压设备停电或做安全措施者。

（4）在经继电保护出口跳闸的相关回路上工作，需将高压设备停电或做安全措施者。

变电站第二种工作票应用要求：

（1）在高压设备区域工作，不需要将高压设备停电或做安全措施的工作。

（2）继电保护装置、安全自动装置、自动化监控系统在运行中改变装置原有定值时不影响一次设备正常运行的工作。

（3）对于连接电流互感器或电压互感器二次绕组并装在屏柜

上的继电保护、安全自动装置上的工作，可以不停用所保护的高压设备或不需做安全措施。

（4）在继电保护、安全自动装置、自动化监控系统等及其二次回路，以及在通信复用通道设备上检修及试验工作，可以不停用高压设备或不需做安全措施。

4. 运行区域运输作业的安全距离是多少？

答：进入改、扩建工程运行区域的交通通道应设置安全标志，站内运输的安全距离应满足表 3-5 的规定。

表 3-5 　　　车辆（包括装载物）外廓至无围栏带电部分之间的安全距离

电压等级（kV）	安全距离（m）	电压等级（kV）	安全距离（m）
10 及以下	0.95	±50 及以下	1.65
20	1.05	±400	5.45
35	1.15	±500	5.60
66	1.40	±660	8.00
110	1.65（1.75）	±800	9.00
220	2.55		
330	3.20		
500	4.55		
750	6.70		
1000	8.25		

注 ① 括号内数字为 110kV 中性点不接地系统所使用。

② ±400kV 数据按海拔 3000m 校正，海拔 4000m 时安全距离为 5.55m，海拔 1000m 时安全距离为 5.00m。750kV 数据按海拔 2000m 校正，其他电压等级数据按海拔 1000m 校正。

③ 表中未列电压等级按高一档电压等级的安全距离执行。

④ 表中数据不适用带升降操作功能的机械运输。

5. 运行区域常规作业的安全注意事项有哪些？

答：（1）在运行的变电站及高压配电室搬动梯子、线材等长物时，要放倒两人搬运，并与带电部分保持安全距离。在运行的变电站手持非绝缘物件时不超过本人的头顶，不在设备区内撑伞。

（2）在带电设备周围，不使用钢卷尺、皮卷尺和线尺（夹有金属丝者）进行测量作业。

（3）在带电设备区域内或邻近带电母线处，不使用金属梯子。

（4）施工现场要随时固定或清除可能漂浮的物体。

（5）在变电站（配电室）中进行扩建时，已就位的新设备及母线需及时完善接地装置连接。

6. 运行区域设备及设施拆除作业应注意哪些安全事项？

答：（1）确认被拆的设备或设施不带电，并做好安全措施。

（2）不得破坏原有安全设施的完整性。

（3）防止因结构受力变化而发生破坏或倾倒。

（4）拆除旧电缆时从一端开始，不得在中间切断或任意拖拉。

（5）拆除有张力的软导线时缓慢施放。

（6）弃置的动力电缆头、控制电缆头，除有短路接地外，一律视为有电。

7. 预防雷击和近电作业的安全防护设施有哪些？

答：（1）杆塔和构架组立后、牵张设备放线作业、临近带电体作业、带电设备区域的施工机械和金属结构、钢管脚手架、跨越不停电线路时两侧杆塔的放线滑车等应装设工作接地线。

（2）牵张设备出线端的牵引绳及导线上应装设接地滑车。附件安装时，作业区两端应装设保安接地线。

（3）停电作业时，作业人员应正确使用相应电压等级的验电器和绝缘棒对停电设备或导线进行验电，确认无电压后装设工作接地线。

8. 邻近带电体作业应注意哪些安全事项？

答：（1）邻近带电体作业时，施工全过程设专人监护。

（2）在平行或邻近带电设备部位施工（检修）作业时，为防护感应电压加装的个人保安接地线记录在工作票上，并由施工作业人员自装自拆。

（3）在 330kV 及以上电压等级的运行区域作业时，采取防静电感应措施，例如穿戴相应电压等级的全套屏蔽服（包括帽、上衣、裤子、手套、鞋等，下同）或静电感应防护服和导电鞋等（220kV 线路杆塔上作业时宜穿导电鞋）。在 ±400kV 及以上电压等级的直流线路单极停电侧进行作业时，穿着全套屏蔽服。

9. 施工机械作业时，与带电设备安全距离是多少？

答：施工机械操作正常活动范围与带电设备的安全距离见表 3-6。

表 3-6　　施工机械操作正常活动范围与带电设备的安全距离

电压等级 （kV）	安全距离 （m）	电压等级 （kV）	安全距离 （m）
10 及以下	3.00	±50 及以下	4.50
20、35	4.00	±400	9.70
220	6.00	±500	10.00
330	7.00	±660	12.00
500	8.00	±800	1310
750	11.00		
1000	13.00		

注　① ±400kV 数据按海拔 3000m 校正，海拔 4000m 时安全距离为 10.00m，海拔 1000m 时安全距离为 8.50m。750kV 数据按海拔 2000m 校正，其他电压等级数据按海拔 1000m 校正。

② 表中未列电压等级按高一档电压等级的安全距离执行。

10. 运行区域户外施工作业应注意哪些安全事项？

答：（1）220kV 及以上构架的拆除工程项目编制专项安全施工方案。

（2）在带电设备垂直上方的作业项目编制专项安全施工方案，如采取防护隔离措施，防护隔离措施的绝缘等级和机械强度均应符合相应规定要求，且不在雨、雪、大风等天气进行。

（3）吊装断路器、隔离开关、电流互感器、电压互感器等大型设备时，在设备底部捆绑控制绳，防止设备摇摆。

（4）拆装设备连接线时，宜用升降车或梯子进行，拆掉后的设备连接线用尼龙绳固定，防止设备连接线摆动造成母线损坏。

（5）在母线和横梁上作业或新增设母线与带电母线靠近、平行时，母线接地，并制定严格的防静电措施，作业人员穿静电感应防护服或屏蔽服作业。

（6）采用升降车作业时，两人进行，一人作业，一人监护，升降车可靠接地。

（7）拆挂母线时，有防止钢丝绳和母线弹到邻近带电设备或母线上的措施。

11. 运行或部分带电盘、柜内作业应有哪些安全事项？

答：（1）了解盘内带电系统的情况，并进行相应的运行区域和作业区域标识。

（2）安装盘上设备时穿工作服、戴工作帽、穿绝缘鞋或站在绝缘垫上，使用绝缘工具，整个过程有专人监护。

（3）二次接线时，先接新安装盘、柜侧的电缆，后接运行盘、柜侧的电缆，在运行盘、柜内作业时接线人员要避免触碰正在运行的电气元件。

（4）在已运行或已装仪表的盘上补充开孔前编制专项施工措施，开孔时防止铁屑散落到其他设备及端子上。对邻近由于振动可能引起误动的保护申请临时退出运行。

（5）进行盘、柜上小母线施工时，作业人员做好相邻盘、柜上小母线的防护作业，新装盘的小母线在与运行盘上的小母线接通前，采取隔离措施。

（6）二次接线及调试时所用的交直流电源，接在经设备运维单位批准的指定接线位置。

（7）电烙铁使用完毕后不随意乱放，以免烫伤运行的电缆或设备。

12. 运行盘柜内与运行部分相关回路搭接作业安全规定有哪些?

答:(1)与运行部分相关回路电缆接线的退出及搭接作业编制专项安全施工方案,并通过设备运维单位会审确认。

(2)与运行部分相关回路电缆接线的退出及搭接作业的安全技术交底内容落实到每个接线端子上。

(3)拆盘、柜内二次电缆时,先确定所拆电缆确实已退出运行,用验电笔或表计测量确认后方可作业。拆除的电缆端头采取绝缘防护措施。

(4)剪断电缆前,与电缆走向图纸核对相符,并确认电缆两头接线脱离无电后方可作业。

第四章 架 空 线 路

第一节 铁 塔 组 立

1. 铁塔组立前施工人员需做好哪些准备？

答：施工前，组织所有参加施工的人员学习相关规程、规范。由技术人员向参加施工人员进行技术交底，详细讲清铁塔结构特点，吊装工具性能，操作顺序，注意事项。各岗位施工人员施工前进行专项培训，熟练掌握其岗位要求和操作技能，持证上岗。

2. 铁塔组立前工器具需做好哪些检查？

答：组立铁塔的所有机械设备、工器具都须经过有关部门的检查、验证合格后方可运到现场，工器具运至现场后经项目部及施工队物资员检查合格后发给施工人员，施工人员在使用前也须认真检验（见图4-1），合格后方可使用。组塔的工器具符合要求，绝对不可以小代大。工器具及机械设备的检查及使用标准详见各工器具及机械设备的使用说明书及有关的规程、规定。抱杆厂家人员须提前到现场培训施工人员、指导施工。

图4-1 施工人员检查施工工器具

3. 铁塔组立前如何布置施工场地？

答：（1）根据设计占用地划定施工作业区域，采用插入式安全围栏（安全警戒绳、彩旗，配以红白相间色标的金属立杆）对施工现场进行围护、隔离、封闭。

（2）在入口通道的外侧设置施工岗位责任牌、施工友情提示牌、危险点控制牌、应急救援图牌、作业区定置示意图、安全强条执行牌、安全通病防治牌等图牌。

（3）按定置图布置装配式或帐篷式休息棚，设置工棚式工具房。休息工棚内配备 1 个开水保温水桶，座椅 4 个，放置可回收、不可回收垃圾箱各 1 个。

（4）现场设置安全标志牌，配备 2 组灭火器，分别配备各 1 个急救药箱、风温检测仪、酒精检测仪和血压检测仪。

（5）塔材堆放处土方进行平整，铺设彩条布，堆垛高度控制在 2m 以下，垛间留有 1m 宽的通道（见图 4–2）。

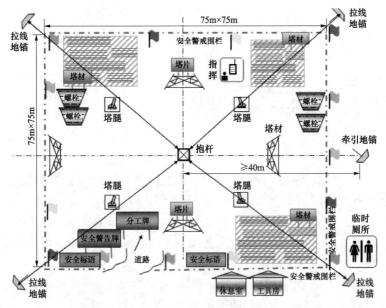

图 4–2　铁塔组立施工现场安全文明布置示意图

4. 铁塔组立时临近带电体作业有哪些安全注意事项?

答:（1）不管电力线带电与否,铁塔组立施工现场都视为带电线路,高处作业与架空输电线及其他带电体的最小安全距离不小于表 4-1 的规定。

表 4-1　　高处作业与架空输电线及其他带电体的最小安全距离

电压等级 (kV)	<1	1～10	35～63	110	220	330	500	800
最小安全距离 (m)	1.5	3.0	4.0	5.0	6.0	7.0	8.5	13.5

（2）铁塔组立前,组织测量人员测量塔位中心与带电体、地锚坑与带电体的距离。地锚埋设位置距带电体垂直投影正下方的距离不得小于 6.0m。

（3）铁塔组立前,接地装置按设计要求施工完毕且经验收合格,接地装置未按设计要求施工或未施工完毕的杆塔号不得组立塔。

（4）施工机具可靠接地,构件吊装牵引绳安装软铜制接地棒,接地棒截面不得小于 25mm²。

（5）铁塔塔身构件按顺线路方向组装,同时按顺线路方向吊装构件,顺线路方向设置构件控制绳。

（6）铁塔构件控制绳采用 ϕ10 迪尼码绳,不采用钢丝绳,禁止控制绳电力线路下方穿过。

（7）铁塔组立施工现场设置距电力线安全距离警戒线,防止施工工器具及受力绳索设置超出安全范围以外。

（8）构件起吊过程中,指派专人监护控制绳受力及移动情况,防止控制绳超出安全范围以外。

（9）根据每基铁塔组立施工现场实际情况,编制单基铁塔组立施工方案,对铁塔组立进行单基策划,按单基策划布置铁塔组立施工现场。

（10）塔上作业人员采取穿着静电感防护服、导电鞋等防静电感措施,所有施工人员佩戴绝缘手套。

（11）铁塔上下传递工具、材料等,采用绝缘绳索。用绝缘绳索传递大件金属物品（包括工具、材料等）时，杆塔或地面上作业人员将金属物品接地后再接触，以防电击。

（12）所有作业必须在良好天气下进行。如遇雷电（听见雷声、看见闪电）、雪、雹、雨、雾等，不准进行组塔施工。风力大于6级、或湿度大于80%时，不准进行组塔施工。

5. 铁塔组立时高空人员配备的安全防护用品有哪些？

答：（1）全方位防冲击安全带：高处作业最基本的防坠落个人安全防护用品，严禁使用单腰带式安全带。

1）速差自控器：杆塔短距离垂直攀登和在一定半径内高空作业时为施工人员提供的全过程安全防护设施。

2）垂直安全绳：在塔身单根主材上设置垂直安全绳，以便施工人员使用攀登自锁器、速差自控器等。

（2）水平保护：高处作业人员水平移动或高处临边作业时使用塔上安装的水平拉杆，若水平拉杆未及时安装或未全部覆盖作业范围，加装临时水平安全绳，用以抓扶。

（3）如若设计有爬梯、休息平台，施工中及时安装并尽量沿爬梯上下，严禁施工人员在休息平台上睡觉、打闹。

6. 铁塔组立时地面人员作业有哪些安全注意事项？

答：（1）测量人员用经纬仪实时对抱杆进行监测，及时向现场施工负责人报告。以配合工作负责人和塔上负责人协调平衡吊装。

（2）组装作业人员必须全面熟悉图纸以及施工方案，严格按图组装,运至现场的塔材必须按顺序分段分开堆放，以利地面对料组装。

（3）吊件起吊过程中仔细核对施工图纸的吊段参数，严格控制吊重在允许起吊重量范围之内，严禁超重吊装。地面牵引设备具有制动、闭锁、超负荷限制功能。

7. 选择铁塔组立工器具有哪些注意事项？

答：（1）机动绞磨在使用前必须仔细检查各部件，特别是刹车装置是否完好，并配备培训合格的机手操作。

（2）抱杆部件材料，按厂家提供的装箱清单，清点到场的抱杆各零部件，供到现场的各种原材料，均有出厂质量合格证明和试验报告，并进行外观（弯曲、变形等）、数量（抱杆缺件等）、规格、质量（镀锌情况等）等方面的检验，质量不合格者不得使用。

（3）抱杆顶、底座的各焊缝完好无裂纹，转动部分灵活无卡滞，连接螺栓不得变形。

（4）钢丝绳有下列情况之一者报废或截除。

1）在一个节距内（每股钢丝绳捻一周的长度）的断丝根数超过表 4–2 规定报废标准者。

表 4–2 钢丝绳一节距内断丝数报废标准

规格安全系数	6×19=114+1		6×37=222+1		6×61=366+1	
	交互捻	同向捻	交互捻	同向捻	交互捻	同向捻
小于 6 时	12	6	22	11	36	18
6~7	14	7	26	13	38	19
大于 7 时	16	8	30	15	40	20

2）钢丝绳的钢丝磨损或腐蚀达到钢丝绳实际直径比其公称直径减少 7%或更多者，或钢丝绳受过严重退火或局部电弧烧伤者。

3）绳芯损坏或绳股挤出。

4）笼状畸形、严重扭结或弯折。

5）钢丝绳压扁变形及表面起毛刺严重者。

6）钢丝绳断丝数量不多，但断丝增加很快者。

（5）编插钢丝绳套时，插接段长度不得小于钢丝绳直径的 15 倍，且不得小于 300mm，新插接的绳套必须经过 125%超负荷试验。钢丝绳端部用绳卡固定连接时，绳卡压板在主要受力的一边，不准正反交叉设置。绳卡间距不小于钢丝绳直径的 6 倍，绳卡数量为：钢丝绳直径 7~18mm 时，绳卡 3 个。钢丝绳直径 19~27mm 时，绳卡 4 个。

（6）滑车必须经常检查及加润滑油，其边缘有裂纹或严重磨损、轴承变形者、吊钩外观检查有裂纹或明显变形者均不得使用。

（7）起重滑车轴、吊钩是否变形有裂纹，转动是否灵活，吨位是否符合要求。卸扣是否装卸灵活，轴是否变形，吨位符合要求。

（8）穿过滑车、磨芯、滚筒的钢丝绳不得有接头。

（9）手扳葫芦挡把不起作用，尾部不打结、表面有变形等不得使用。

（10）施工所使用的 U 形环必须使用工具 U 形环，T 级或 S 级，严禁用材料 U 形环代替。使用前检查 U 形环表面是否有规格钢印，螺杆转动灵活，U 形环不得有明显变形或裂纹，且 U 形环不得横向受力。

（11）吊带在标准大气压下破断试验，试验前先进行外观和尺寸检验。检查是否有损坏，如断裂、缝合处裂开、任何永久变形、裂缝或其他缺陷。

8. 铁塔夏季施工有哪些安全注意事项？

答：（1）与气象部门联系安装的报警器有专人接听和记录，并每天向指挥报告记录结果。现场使用的风力风向仪有专人保管和使用，每天至少检测三次，并及时向指挥报告检测结果。

（2）遇有六级以上大风或雷、雨、雪、浓雾天气禁止登高作业。塔上、塔下通信联络不畅时禁止吊装作业（见图4-3）。

图4-3 大风、雷雨、大雾、雪等恶劣天气图示

（3）夏、雨季施工措施要点：

1）在塔腿吊装完之后及时将接地扁铁与塔腿连接以防雷击伤人。

2）组立塔身过程中，使用直径 $25mm^2 \times 15m$ 专用铜芯接地线进行防雷，接地线一端连接抱杆底部，另一端直接接地。

3）高处作业做好防滑防坠工作，施工人员严禁穿硬底鞋。

4）施工现场配置适当的排水机械。

5）做好施工场地、道路两侧临建设施及设备、材料堆场周围的排水工作。

6）夏季在高温时、雷雨后施工时，采取防暑、防滑措施，夏季施工时现场配备凉开水、绿豆汤等降温饮用品并配备人丹、十滴水等防暑降温药品。调整作业时间，以避开中午高温时间段，气温超过35℃不得进行野外施工。

9. 铁塔冬季施工有哪些安全注意事项？

答：（1）为施工人员配备棉衣、棉帽、棉鞋等保暖防寒物资（见图4-4）。

图4-4 棉安全帽、棉大衣、棉手套冬季防护用品图示

（2）施工队驻地需配置棉被、褥子及取暖炉等取暖设备。

（3）登高作业人员必须佩戴防滑鞋、防护手套等防滑、防冻用品。

（4）遇有雨雪等恶劣天气时，要及时清除施工现场的积水、积雪，严禁雨雪和大风天气强行组织施工作业。

（5）冬季路面有雨雪积冰时，车辆行驶需加装防滑链，车辆行驶过程中保持行车距离，并适当拉长车距降低车速，防止追尾事故。

（6）施工机械设备做好冬季保养，换用适合寒冷季节气温的燃油、润滑油、防冻液、蓄电池液，对于正常使用的机械设备，工作结束停机后要将设备内存水放净。

10. 塔材运输过程中有哪些安全注意事项？

答：（1）塔材在运输前事先对道路情况进行调查，需要加固整修的道路及时处理，在对道路修整后，项目部组织人员对运输道路进行检查，经验收合格后，方可进行塔材运输。

（2）塔材装车前对车辆进行自检查，车轮和刹车装置必须完好，严禁客货混装。运输车辆配备必要的辅助运输工器具，包括吊带、软垫片、钢丝绳头、木楔等，以用来确保塔材运输过程中的稳定性和完好性。

（3）货车运输确保塔材在车厢内固定牢靠，塔件静态放置时需用木楔在管件两侧掩牢，避免滚动，避免人货混装。

（4）车辆驾驶人员加强途中检查，防止捆绑松动：通过弯道时，防止超长部位与坡道或行道树碰刮。

（5）驾车人员熟悉道路状况和装载物件的特性。装载物件绑扎牢固后方可行车。运输车辆保持中速行驶，尽量避免急刹车，转弯前提前减速，缓慢通过。在砂石路面行驶，禁止为避灰尘而盲目超车和快速交会。

（6）人力运输的道路事先清理路面障碍物，山区抬运笨重物件或钢筋混凝土电杆的道路，其宽度不宜小于 1.2m，坡度不宜大于 1:4。

（7）搬运较大或笨重器材时，事先计算或判别物体的重心位置，选择合适的绑扎点，使抬运人员承力均衡。重大物件不得直接用肩扛运。多人抬运时设人员指挥，步调一致，物件上、下肩同起同落。

（8）人力运输用的工器具牢固可靠，每次使用前作检查、试验。

（9）雨雪天后抬运物件时，有防滑措施。在陡坡地段抬运适当减轻人均抬重。

（10）用跳板或圆木装卸滚动物件时，用绳索等措施加以控制，物件滚落前方严禁有人。

（11）圆管状电杆卸车时，车辆不宜停在有坡度的路面上。每卸车一件，其余掩牢。每卸完一处，剩余管件绑扎牢固后方可继续运输。

11. 索道运输塔材的设置和运行有哪些安全注意事项？

答：（1）临时货运索道运输，索道架设不允许跨越居民区、铁路、等级公路、高压电力线路等重要公共设施。当索道跨越一般民用房屋（非居住）、耕地、建筑物、乡道时，要设专人监控货物通过时最低点距被跨越的最小安全距离，必要时设置相应的防护设施。运输索道正下方左右各 10m 的范围为危险区域，设置明显醒目的警告标志，并设专人监管，禁止人畜进入。

（2）一个张紧区段内的承载索，要采用整根钢丝绳，使用安全系数不应小于 2.6；返空索直径不宜小于 12mm。

（3）牵引索采用较柔软、耐磨性好的钢丝绳，使用安全系数不小于 3.0。

（4）索道支架采用四支腿外拉线结构，支架拉线对地夹角不宜超过 45°。支架基础位于边坡附近时，要校验边坡稳定性，必要时在周围设置防护及排水设施。塔材通过支架时，其边缘距离支架支腿不得小于 100mm。支架承载的安全系数不小于 3。

（5）索道货物运行小车、支撑承载索、返空索、牵引索的支撑器、鞍座、滚轮、导向杆等零部件均按设计荷载使用，出厂时应按铭牌做机械性能检验。

（6）循环式索道驱动装置采用摩擦式驱动装置，卷筒的抗滑安全系数，正常运行时不得小于 1.5；在最不利荷载情况下启动或制动时，不得小于 1.25。最高运行速度不宜超过 60m/min。

（7）牵引索使用频率较高，容易出现磨损、变形、断丝和疲劳等现象，在使用过程中要经常检查，定期更换。

（8）索道装置经过验收合格后方可投入运输作业，并设置、填写索道检查责任卡。

（9）使用过程中不超重，保证通信畅通，制动系统良好。

（10）遇有雷雨天气、六级风以上天气时，停止索道运输作业。所有电器设备、索道和支撑架做到可靠接地。

12. 铁塔组立现场临时用电有哪些注意事项？

答：（1）现场电工需持证上岗，了解掌握施工现场设备情况，必须利用劳保用品或绝缘器材进行操作，进现场穿绝缘鞋，戴安全帽。

（2）所有电气、设备都接有漏电保护器装置，对开关熔断丝选用合理，同一地点超过两个开关时设总开关，同一开关不允许安装两台设备。开关箱与用电设备之间必须实行"一机一闸、一漏一箱"制，严禁同一个开关电器直接控制 2 台及 2 台以上用电设备。施工现场内的所有电气设备的金属外壳必须与专用保护零线连接。

（3）施工现场如遇停电时必须立即切断电源，防止来电时机械自行运转伤人，施工现场不允许带电作业。

（4）电缆线采用埋地或架空敷设，严禁沿地面明设，并避免机械损伤和介质腐蚀。

（5）严禁非电工作业人员私搭乱接。挪动电箱、电气设备时必须有且至少有一名电工在场。电工作业人员取得低压电工许可证，并持有效证件上岗。

（6）配电箱、开关箱必须防雨、防尘。箱内的电器必须可靠完好，不准使用破损、不合格的电器。配电箱、开关箱中导线的进线口和出线口设在箱体的下底面，严禁设在箱体的上顶面、侧面、后面或箱门处。移动式配电箱和开关箱进、出线必须采用橡皮绝缘电缆。

（7）进入开关箱的电源线，严禁用插销连接。

（8）所有配电箱均表明其名称、用途、并做出分路标记。所有配电箱门配锁，配电箱每月进行检查和维修一次。检查、维修人员必须是专业电工。检查、维修时必须按规定穿、戴绝缘鞋、手套，必须使用电工绝缘工具。

（9）对配电箱、开关箱进行检查、维修时，必须将其前一级相应的电源开关分闸断电，并悬挂停电标志牌，严禁带电作业。

（10）配电箱、开关箱内不得放置任何杂物，并经常保持整洁。不得挂接其他临时用电设备。

（11）熔断器的熔体更换时，严禁用不符合规格的熔体代替。

（12）配电箱、开关箱的进、出线不得承受外力。严禁与金属尖锐端口和强腐蚀介质接触。

（13）现场照明禁止使用碘钨灯，现场选用额定电压为 220V 的照明器。

（14）现场必须准备 1 台发电机作为应急电源。

13. 防止抱杆超设计不平衡弯矩措施有哪些？

答：（1）严格按方案要求布置吊件位置，保证两个起吊对侧的吊件中心尽量处于吊钩正下方，避免两侧吊件在摇臂中心轴线发生偏移。

（2）抱杆两侧摇臂的起吊、就位操作尽量保持同步，起吊、就位过程时抱杆的起吊及变幅操作缓慢。

（3）抱杆两侧摇臂在同步吊装过程中，其变幅操作一致，保证两侧摇臂幅角基本一致。

（4）当由于左右两侧吊件结构不同而产生重量不同从而无法对称起吊时，抱杆仅使用一侧摇臂吊装，另一侧摇臂平衡。抱杆未受重前，抱杆需向起吊反侧倾斜，抱杆受重，吊件完全脱离地面后，需用经纬仪监控桅杆和主柱的垂直度。

14. 使用落地抱杆组立铁塔时机械设备操作人员要遵守哪些安全规定？

答：（1）牵引设备及绞磨操作手等作业人员经过专门培训，并经考试或培训合格，熟悉该抱杆操作规程及各项技术性能。严禁非操作人员操作。

（2）现场指挥及操作人员必须熟悉抱杆特性及额定起重量，严禁超载起吊，吊臂下方严禁站人。吊装过程中有人监护。

（3）操作人员在作业前要检查以下内容：

1）散热器的水，汽油箱内的汽油，引擎曲轴箱内的润滑油是否充足，并对各润滑点加润滑油，检查轮胎气压是否充足。

2）检查各部件紧固情况，钢丝绳是否磨损、断丝、断股，吊具吊索是否完好，使其能满足起吊重物的要求。

3）检查发动机工作是否正常，启动前检查各手柄是否均位于中间或停止位置。

4）检查油路系统的液压油箱中油液是否足够，油路、气路是否漏泄。

15. 铁塔组立起立和提升落地抱杆时有哪些安全注意事项？

答：（1）在提升抱杆过程中，各部分人员必须服从总指挥，到抱杆提升到 4.1～4.5m 停止提升时，提升架操作平台上的两工作人员同时从两侧安装防备插销，以防备可能发生的提升下移。

（2）提升抱杆须在白天进行，若遇特殊情况，需要晚上提升时，须要有充足的照明设备。

（3）宜在风速不大于 8m/s 的情况下进行施工。

（4）提升过程中，抱杆四角内拉线必须同时均衡放松（随提升速度），提升中间停止，四根拉线必须固定，保持抱杆的垂直。

（5）在提升过程中，如发现故障，立即停止操作，检查原因等故障排除后，继续工作。

16. 选择使用吊车组立铁塔时有哪些安全注意事项？

答：（1）起重机驾驶员须持证上岗，了解起重机的机械构造、机械性能，熟悉操作方法。在工作时精力要集中，在驾驶室内不准吃东西、吸烟、看书、看报和闲谈。工作中不准打瞌睡。酒后禁止操作起重机。

（2）驾驶起重机使用控制手柄来操作，不可利用安全装置来停车。另外，手一定要把牢手柄。不可单脱手或双脱手，以防止发生突然情况时，不能及时采取紧急措施。

（3）起重机上有 2 人工作时，开动起重机或离开工作岗位时，均需通知对方。

（4）多人施工时，驾驶员只服从吊运前确定的其中一人的指挥。但不论任何人发出危险信号时，驾驶人员都要紧急停车。

（5）起重机在吊运物件过程中，如遇到起升机构制动器突然失灵时，驾驶员立即发出信号，通知下面的人员离开，并迅速将控制手柄反复起落，开动大、小车选择安全地点，把被吊物件安全放下，而不任其自由降落。随后再进行检修，决不可在吊运过程中进行检修。

（6）有主、副钩的起重机，把不工作的吊钩升到极限的高度位置，钩上不准挂其他辅助吊具。不允许两个钩同时吊运两个物件（见图4-5）。

图4-5　吊车铁塔组立施工现场图

（7）在操作过程中，如果发现有不正常现象或听到不正常声音时，将物件稳妥降落并立即停车检查，排除故障。在没找出原因前，不准开车。

（8）吊运物件时要稳起稳落，不能一下子起吊或一下子下降，更不能大摇大摆地开"飞车"吊运。

（9）驾驶起重机时，合理地掌握控制器手柄，除两手外，不允许用身体的其他部位来转动控制器。

（10）吊运过程中，被吊物件的底部高度要高于地面设备或其他物件0.5m以上。在吊运的物件上，不准有浮放的物件、工具等。

（11）除停车检查外，任何人不可在桥架或起重机轨道上行走或通过。

（12）在驾驶时起重机的控制器逐步开动，不可将控制器手柄从正转位置直接转到反转位置（特殊情况除外）。把控制器手柄先转到"零"位后，再转到反方向。不然吊运的重物会发生晃动而造成事故。轴、销子等受力件和传动部件容易断裂，也可能使钢丝绳因惯性力而被震断。

17. 使用吊车组立铁塔有哪些安全注意事项？

答：（1）选用的起重设备必须有出厂证明、安检证书等合格的车辆检验资料。起重作业前对起重机进行全面检查。操作人员须持证上岗。起重臂及吊件下方划定安全区，地面设安全监护人。

（2）起重机作业必须按安全施工技术规定和起重机操作规程进行。使用者不得随意更改影响设备的工作能力或安全操作的安全系数。在任何情况下都不得减少设备原来的安全系数。起重机械的起重荷载不得超出额定载重量。

（3）过程检查：每次使用之前或使用过程中检查所有的机器设备，确定没有异常的响声和干扰正常操作的动作，以确保其安全运作。任何故障或损坏的零部件，经过维修或更换之后方可投入使用。

（4）钢丝绳选用参考 GB 20118—2006《一般用途钢丝绳》，安全系数必须满足 DL 5009.2—2013《电力建设安全工作规程 第2部分：电力线路》的规定。如果发生以下任何一种情况，必须立即停止使用。

1）使用中的钢丝绳，一个捻距中有任意 6 根断丝，或一个捻距中的一股有三根断丝。

2）单根钢丝外部磨耗达直径的 1/3。由于纠结、摩擦、摆动或其他破坏原因所造成的钢丝绳结构变形。

3）由于任何原因造成显著的热损伤。

4）在固定的钢丝绳中，一股中有 2 根以上钢丝于端部接头外侧断裂，或有一根钢丝于端部接头处发生断裂。

（5）施工前要与吊车司机及操作人员交待好，每一吊的重量，幅度、高度等信息，确保心中有数。

（6）操作人员交接班时，必须在没有负载的情况下，对上限位开关进行测试，滑轮须逐步接近限位装置。如开关不能正常工作，立即通知指定人员。

（7）升降限位开关只作为控制负载运行的上限位，不得作为操作控制装置使用。

（8）坚持做到"十不吊"：超过额定负荷不吊。指挥信号不明、重量不明不吊。指挥人员看不清工作地点不吊。吊索和附件捆绑不牢，不符合安全要求不吊。歪拉、斜吊不吊。塔段上站人、塔段上浮放有浮物不吊。吊点绳存在死结或缠绕现象不吊。带棱角物件未垫好（防止钢丝绳磨断）不吊。五级及以上大风天气不吊。非起重指挥人员指挥时不吊。

18. 铁塔组立时地锚坑设置有哪些安全注意事项？

答： 拉线的地锚坑与塔位中心水平距离不小于塔全高的 1.2 倍，拉线方向与线路中心线成 45° 角（见图 4-6）。牵引地锚坑要尽量避免在起吊方向，牵引地锚与塔中心的水平距离不小于塔全高的 1.5 倍。采用埋土地锚时，地锚绳套引出位置挖好马道，马道与受力方向一致。临时地锚被雨水浸泡后，需要拔出重新设置。

图 4-6　设置地锚图

19. 铁塔组立构件绑扎作业时有哪些安全注意事项？

答：（1）主材单吊绑扎。

由于铁塔下部塔身跟开尺寸、分段长度和重量都很大,组装及吊装时,只能单根主材及少量辅材吊装,斜材可组装成片后采用补强木补强后起吊。

(2)塔片吊装绑扎(不含主材)。

随着铁塔跟开的变小,上部塔身可分段组片吊装,吊装塔片时,根据其高度,选择起吊位置(吊点绳在塔片上的绑扎位置必须位于塔片重心以上),并对塔片进行补强(见图4–7)。

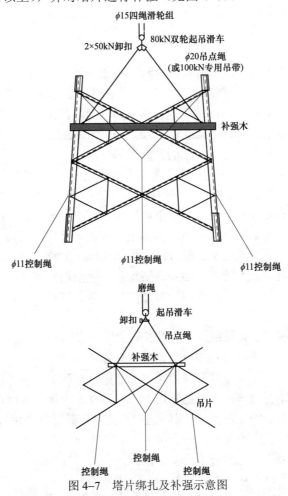

图4–7 塔片绑扎及补强示意图

（3）含主材塔片的吊装。

1）对于个别待吊装的塔片为防止起吊时大斜材着地弯曲变形，在主材下端安装加长防护靴。构件吊装前，下控制绳收紧。

2）上控制绳使用滚杠，以便于控制吊件。

3）塔身吊装时，抱杆适度向吊件侧倾斜，但倾斜角度不得超过 10°，以使抱杆、拉线、控制系统及牵引系统的受力更为合理。在吊件上绑扎好倒"V"形吊点绳，吊点绳绑扎点在吊件重心以上的主材节点处，若绑扎点在重心附近时，采取防止吊件倾覆的措施。"V"形两吊点绳之间的夹角不得大于 120°。

20. 铁塔组立起吊塔材作业时有哪些安全注意事项？

答："干"字型塔地线顶架和导线横担一般采用分别整体吊装，吊装顺序先上后下，用抱杆吊装顶架，然后将吊装滑轮组定滑轮移至顶架（或用另一套吊装滑轮组），用顶架吊装横担。吊装时，牵引磨绳通过塔内转向滑车、地面转向滑车，连至绞磨。

"酒杯"型塔塔头包括上下曲臂、导线横担和地线顶架，用抱杆吊装。上下曲臂视重量可以整体吊装或分解吊装。曲臂吊装完成后，要测量与横担连接点尺寸并用钢丝绳、倒链收紧固定。视横担重量可以分片、分段或整体吊装。具体施工依据方案要求操作。横担横线路组装，顺线路吊装。就位时，用钢丝绳、倒链调整横担连接点尺寸，装设连接螺栓。视地线顶架重量，可随横担连接同体吊装，或用抱杆单独吊装。注意用抱杆吊装时，调整抱杆角度。

21. 铁塔组立高空作业有哪些安全注意事项？

答：（1）上塔过程中须使用攀登自锁器等防坠落装置，塔上操作除系好安全带外，挂好二道防护绳。施工过程中，随时检查安全带（绳）是否拴牢。由于钢管塔上不易站立、手握，因此在塔上长距离移动时必须挂速差自控器（速差自控器严禁低挂高用），即施工人员在任何状态下都不能失去保护。高处作业使用航空安全带。

（2）塔上、地面分别设安全监护人，及时提醒、监督。高处作业系好安全带和拴好速差自控器。

（3）严禁从塔上抛掷任何物件。组装用具用绳索上下传递。在塔上使用的工具一律要拴尾绳，操作时要将尾绳系牢在塔上。就位螺栓装在帆布工具袋内，工具袋要挂牢在被吊塔件上随同吊上。

（4）塔材吊装须连续作业，抱杆不宜带负荷过夜。高空作业人员将到位的塔段或塔材及时装上，不宜吊件在空中过夜。

第二节 钢筋混凝土电杆

1. 现场的钢筋混凝土电杆如何堆放？

答：（1）钢筋混凝土电杆堆放的场地地面应平整、坚实。

（2）杆段平整堆放在地面，电杆下端设置支垫，两侧用木楔掩牢。

（3）堆放高度不超过3层。

2. 怎样装卸钢筋混凝土电杆？

答：（1）用跳板或圆木装卸时，要用绳索控制电杆，控制绳索要系牢靠，滚落前方严禁有人。

（2）混凝土电杆卸车时，车辆不宜停在有坡度的路面上。每卸车一件，其余的电杆应掩牢。每卸完一处，将剩余电杆绑扎牢固后再继续运输。

3. 排杆前有哪些准备工作？

答：（1）如果排杆的地形不平或土质松软，要先平整地面，或将杆段支垫坚实，必要时用绳索锚固。

（2）杆段最少取两点支垫，支垫处两侧用木楔（或土）掩牢（见图4-19）。

4. 怎样滚动、移动电杆？

答：（1）滚动杆段时行动要统一，杆段横向滚动的前方不得有人。杆段顺向移动时，应随时把支垫处用木楔掩牢。

（2）用棍、杠撬拨动杆段时，应防止撬杠、棍滑脱伤人。不能用铁撬棍插入预埋孔内的方式转动杆段。

5. 焊杆时的安全注意事项有哪些?

答:(1)焊杆作业点周围 5m 内的易燃易爆物品要清除干净。

(2)两端封闭的钢筋混凝土电杆,焊接前,要先在电杆一端凿出排气孔,然后再进行焊接,焊接结束后,及时对焊接处进行防腐处理。

6. 用气瓶焊杆的安全要求有哪些?

答:(1)气瓶在运输和使用过程中,避免剧烈震动和碰撞,防止脆裂爆炸,氧气瓶要有瓶帽和防震圈。

(2)乙炔气瓶不得敲击和碰撞。

(3)乙炔气瓶应立直放置使用,并采取可靠的防倾倒措施,不得卧放使用。

(4)乙炔瓶、氧气瓶应避免阳光曝晒,焊接时须远离明火或热源,乙炔瓶与氧气瓶的距离不得小于 5m,气瓶距离明火距离不得小于 10m。

(5)使用气瓶时,要装设专用的减压阀和回火防止器,不同气体的减压阀不能换用或替用。

(6)氧气与乙炔胶管不得互相混用和代用,乙炔气管堵塞或冻结时,不得用氧气吹通或用火烘烤的方式疏通。

7. 用电焊机焊杆时的安全要求有哪些?

答:(1)电焊机外壳应可靠接地,焊机裸露的导电部分应装设防护罩。

(2)工作结束后应切断电源,检查工作场所及其周围,确认无起火危险后方可离开。

8. 用倒落式人字抱杆立杆前,现场人员应怎样保证安全?

答:(1)杆塔起吊前现场指挥人员应检查现场布置情况。

(2)各岗位作业人员应检查各自操作项目的布置情况。

(3)指挥人员要站在能够观察到现场各个岗位的位置,不能站在总牵引地锚受力的正前方。

132

（4）杆塔侧面应设专人监视，传递信号应清晰畅通。

（5）电杆根部监视人应站在杆根侧面，下坑操作前应停止牵引。

9. 用倒落式人字抱杆立杆，哪四点要在同一个垂直平面上？

答：总牵引地锚出土点、制动系统中心、抱杆顶点、杆塔中心这四点，要在同一垂直面上，不能有偏移。

10. 双杆的马道深度、坡度要一致吗？

答：要一致。

11. 抱杆支在土质松软或坚硬、冰雪冻结地面时怎样保证安全？

答：（1）抱杆根部要采取防沉措施。

（2）抱杆受力后，两条腿发生不均匀沉陷、倾斜时，要停止牵引，进行调整。

（3）抱杆支立在坚硬或冰雪冻结地面上时，抱杆根部要采取防滑措施。

12. 人字抱杆起吊混凝土杆离开地面多高时，要进行冲击试验和检查？

答：（1）杆顶吊离地面约 500mm 时（即刚抬头），应暂停牵引，进行冲击试验。

（2）起吊系统的各受力部位都要检查，确认无问题后方可继续起吊。

13. 电杆起立到多少度时要放慢牵引或停止牵引？

答：（1）电杆与地面的夹角约 70° 时应放慢牵引速度。

（2）约 80° 时应停止牵引，利用临时拉线将电杆调正、调直。

14. 怎样补强无叉梁、横梁的门型杆？

答：在吊点处用临时叉梁或横梁进行补强。

15. 立杆时，杆身侧面（小面）怎么监护？

答：要设专人监视侧面（小面），随时向指挥员传递有关信息，传递的信号要清晰、及时。

16. 怎样操作抱杆脱帽绳？

答：抱杆脱帽绳要穿过脱帽环后，再将抱杆绑扎牢固，抱杆脱帽后，由专人控制抱杆落地。

17. 抱杆脱帽后，临时拉线该怎么操作？

答：抱杆脱帽后，要及时带上反向临时拉线（既临时拉线带劲），随着电杆的起立，临时拉线的操作人员要根据立杆指挥的要求，适度放出临时拉线。

18. 邻近带电体整体组立杆塔时，最小安全距离是多少？

答：最小安全距离应大于倒杆的距离，并采取防止感应电的措施。

19. 采用通天抱杆起吊单杆时的基本要求有哪些？

答：电杆长度不宜超过 21m，电杆绑扎点（吊点）不能少于 2 个。临时拉线数量不能少于 4 根。

20. 水泥杆组立地锚坑如何选择和设置？

答：（1）按照专项施工方案要求施工，作业前通知监理。

（2）制动地锚选在混凝土杆延长线上，并距杆高 1.2 倍处。开度与根开一致。

（3）总牵引地锚，距中心桩为杆高的 1.3～1.5 倍。

（4）四方临时拉线距离不小于杆高的 1.2 倍。两侧临时拉线横线路方向布置。前后临时拉线顺线路布置。后临时拉线可与制动系统合用一个地锚。

（5）牵引动力地锚在总牵引地锚远方 8～10m，与线路中心线夹角 100° 左右。

（6）采用埋土地锚时，地锚绳套引出位置开挖马道，马道与受力方向一致。

（7）采用角铁桩或钢管桩时，一组桩的主桩上控制一根拉绳。

（8）临时桩锚被雨水浸泡后，拔出重新设置。

21. 电杆组立后，什么情况下才可以登杆作业？

答： 要等所有的临时拉线在地面固定牢后，方可登杆作业。

22. 杆上组装时，横担起吊到什么位置时方可上人作业？

答： 横担起吊到近乎设计位置时，方可上人作业。

第三节　架　线　工　程

1. 架线施工前从管理角度上需要做哪些工作？

答： （1）管理人员及施工人员配置。配置施工项目经理、项目总工程师、技术员、安全员、施工负责人、作业负责人、特种作业人员、特种设备作业人员及其他施工人员，各级人员须熟悉和遵守国家、行业等相关规定，应经过安全培训考试及体检合格。

（2）现场勘察。作业前在项目部相关人员组织下进行现场勘察，熟悉周围环境、地形地貌，形成勘察报告，由项目部相关人员编制安全技术措施，并在施工前向施工人员做交底，施工中做好监护（见图4-8）。

图4-8　施工方案安全、质量、技术交底

（3）按照相关要求进行施工作业现场布置，做好安全文明施工场面。

（4）施工机械及主要工器具配置。

施工用机械、工器具经试运行、检查性能完好，满足使用要求，合格证、出厂检测报告等相关证明文件齐全有效，要在开工前报监理审核。

主要受力工器具应符合技术检验标准，并附有许用荷载标志。使用前要进行检查，针对特高压工程所使用施工机械、主要受力工器具应经过中国电力科学研究院的安全性能评估，并出具相应的评估报告后方可使用。

2. 架线作业外来人员工作前需接受哪些安全管理？

答：对参加工作的临时工、民工、实习人员和其他人员，与正式职工等同进行安全管理：

（1）参加工作前需进行体格检查（见图 4-9），并办理意外伤害保险。

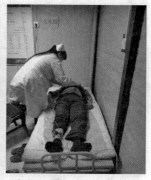

图 4-9　务工人员体检

（2）经过必要的安全知识培训和安全教育，经安全考试合格后方可参加工作。

（3）配备必要的劳动防护用品和安全工器具。

（4）工作前由工作负责人进行针对性的安全教育和培训，交代安全注意事项，指定专人负责监护，且不宜单独工作。

3. 架线施工现场锚桩布设和使用应注意哪些安全事项？

答：各种锚桩的布设和使用首先应符合施工方案的要求，安全系数不小于 2。开口大小以刚好能容纳地锚为准，不宜开口较大。受力钢丝绳与地面夹角小于 45°，马道口开设方向应与受力方向保持一致，并采取有效的防沉、防雨雪措施，避免使用已运行的杆塔或周边树木等作为锚桩（见图 4−10）。其他锚桩的布设可参考执行。

图 4−10　张力机的锚固

4. 架线施工现场如何布置？

答：（1）施工现场设置安全可靠的临时围栏，制定现场应急处置方案，机械设备完好整洁、安全操作规程齐全、配备足够的消防器材，尤其是林区、草地施工现场，避免吸烟和使用明火（见图 4−11）。

图 4−11　现场安全文明布置

（2）线盘放置的地面应平整、坚实（见图 4-12），滚动方向前后均应掩牢，绝缘子应包装完好，堆放高度不宜超过 2m。

（3）机械设备按专项施工方案布置并锚固可靠。

总之，现场均需按专项方案进行合理布置（见图 4-13）。

图 4-12　现场材料堆放　　　　图 4-13　大型作业场所布置

5. 电气设备的保管与堆放需注意哪些事项？

答： 电气设备应分类存放，放置应稳固、整齐。瓷质材料拆箱后，应单层排列整齐，不宜堆放，并采取防碰措施。绝缘材料应存放在有防火、防潮措施的库房内。重心较高的电气设备在存放时应有防止倾倒的措施。有防潮标志的电气设备应做好防潮措施。

6. 作业人员进入施工现场需做好哪些安全保护？

答： 首先进入施工区的人员要正确佩戴安全帽等安全防护用品及个人劳动防护用品。穿长袖上衣、长裤及胶鞋，酒后不能进入现场。且高处作业需全方位安全带。作业中要听众现场负责人和安全监护人的统一指挥。

7. 现场汽油、柴油如何存放和保管？

答： 应存放在现场规划好的专用区域或帐篷内并密封。注意要远离易燃易爆物品，避开火源和避免在烈日下暴晒，醒目处设置"严禁烟火"的标志，配置相应的油类灭火器。

8. 架线牵引场转向如何布设？

答：首先宜使用专用的转向滑车，并在受力反方向可靠锚固。各转向滑车的荷载应均衡，不宜超过允许承载力。牵引过程中，作业人员宜在各转向滑车围成的区域外活动。

9. 牵引机和张力机的使用应符合哪些要求？

答：（1）操作人员应按照使用说明书要求进行各项功能操作，不得超速、超载、超温、超压或带故障运行。

（2）使用前应对设备的布置、锚固、接地装置以及机械系统进行全面的检查，并做运转试验。

（3）牵引机、张力机进出口与邻塔悬挂点的高差角及与线路中心线的夹角应满足其机械的技术要求。

（4）牵引机牵引卷筒槽底直径不得小于被牵引钢丝绳直径的25倍。对于使用频率较高的钢丝绳卷筒应定期检查槽底磨损状态，及时维修。张力机的使用如图4-14所示。

图4-14　张力机的使用

10. 机动绞磨的使用应注意哪些安全事项？

答：（1）机动绞磨（见图4-15）应放置平稳，锚固应可靠，并有防滑动措施，人员远离受力前方。

（2）至少由2人拉磨尾绳，且应站于锚桩后面，绳圈外侧。

（3）机动绞磨宜设置过载保护装置。

（4）卷筒应与牵引绳保持垂直，牵引绳应从卷筒下方卷入，且排列整齐，通过磨心时不得重叠或相互缠绕，在卷筒或磨心上缠绕不得少于5圈，绞磨卷筒与牵引绳最近的转向滑车应保持5m以上的距离。

（5）机动绞磨带荷载过夜时，需卸除荷载。

（6）拖拉机绞磨两轮胎应在同一水平面上，前后支架应均衡受力。

（7）作业中人员远离正在作业的卷扬钢丝绳，物件提升后，操作人员应坚守岗位。

图4-15　正确使用机动绞磨

11. 绝缘子串及滑车的吊装施工应注意哪些安全事项？

答：（1）首先宜使用专门卡具进行吊装。

（2）放线滑车的开门装置，必须有关门保险且带上保险（见图4-16）。

（3）绝缘子组装成串时，需检查绝缘子的销钉是否齐全且穿插到位。

（4）使用两台绞磨吊装V串绝缘子时，两吊点应均匀受力。

图 4-16 吊装绝缘子及滑车

（5）吊装过程中需设控制绳，控制吊件方向，避免与碰撞杆塔。

（6）所有作业人员服从现场负责人指挥。地面人员应远离吊物下方，防止物体打击。

12. 人力展放导引绳施工安全注意事项有哪些？

答：（1）导引绳展放过程中遇有陡坡、悬崖时，作业人员将引绳从高处抛下连接导引绳，作业人员绕行通过牵引展放。

（2）展放过程中要注意废弃的机井、深坑等。过沼泽或湿陷地段时不宜用手推拽。

（3）展放余线的人员宜站在线圈外或线弯的外角侧。

（4）放线时的通信应畅通、清晰、指令统一。

（5）线盘架应稳固，转动灵活，制动可靠。必要时打上临时拉线固定。

（6）穿越滑车的引绳应根据导、地线的规格选用。引绳与线头的连接应牢固。穿越时，作业人员远离导线、地线的垂直下方。

（7）线盘或线圈展放处，应有专人传递信号。

（8）作业人员宜站在线圈外操作。线盘或线圈接近放完时，应减慢牵引速度。

（9）除应在杆塔处设监护人外，对被跨越的房屋、路口、河塘、裸露岩石及跨越架和人畜较多处均应有专人监护。

（10）被障碍物卡住时，作业人员需站在线弯外角侧，使用工具处理。

13. 旋转连接器与抗弯连接器使用中的安全注意事项有哪些？

答： 抗弯连接器一般用于导（牵）引绳的连接，旋转连接器一般用于牵引导线或光缆时连接钢丝绳和网套，从而保护导线或光缆不受损伤。抗弯连接器、旋转连接器的规格要与导（牵）引绳和导地线规格相匹配，且符合专项方案要求。使用前进行外观检查，连接器表面应平滑无裂纹、无变形、无磨损严重或连接件拆卸灵活，旋转连接器应转动灵活无卡阻现象，其横销应拧紧到位，与钢丝绳或网套连接时应安装滚轮并拧紧横销，过牵引轮前应卸下，避免穿过牵引轮或卷筒，且不宜长期挂在线路中。抗弯连接器及旋转连接器的连接宜由专业技工担任（见图4-17）。

图4-17　旋转连接器与抗弯连接器对照图

14. 动力伞、飞艇展放导引绳施工安全注意事项有哪些?

答:(1)项目技术负责人编写专项施工方案,作业前通知监理旁站。

(2)起、降场所必须设置安全围栏和安全警示标志。

(3)车辆运输时严禁燃料与氢气混装,需分开运输,并设明显的警示标志。

(4)氢气瓶避免阳光暴晒,远离明火或热源。储存在通风良好的库房里,并直立放置。周围设立防火防爆标志,并配备干粉或二氧化碳灭火器。

(5)进入现场后要认真对气囊进行检查,一旦气囊发生泄漏,及时修补和更换,以免影响飞艇的整体可控性和飞艇降落。在飞艇起飞前严格对舵面进行检查,必须进行试飞前操作。

(6)操作人员必须经专业培训合格后,方可上岗操作。在飞艇起降时,必须认真选择比较空旷的场地,接送飞艇时严格按方案实施,密切观察飞艇的起降方向和着落点,按操作规程抓住支架进行接送,以免螺旋桨伤人。连续多档一次跨越最大长度在 2400m 的至少要由 2~3 人操作。

动力伞、飞艇展放导引绳如图 4-18 和图 4-19 所示。

图 4-18 动力伞展放导引绳

图 4–19　飞艇展放导引绳

15. 无人机展放导引绳施工安全注意事项有哪些?

答：（1）编写专项施工方案，作业前通知监理旁站。

（2）按要求开展安全标准化管理工作，规范现场管理。起、降场所必须设置安全围栏和安全警示标志。警示标志应符合有关标准和要求。

（3）在起飞场地，非相关人员不应靠近无人机，以免操作时螺旋桨误伤。起飞场地所有人员应听从测控人员的安排，站在安全的位置。

（4）在无人机起飞前严格进行检查，必须进行试飞前操作。

（5）无人机飞行应在晴好天气且风速符合飞行要求时进行。在飞行过程中，如果遇到特殊情况，应及时停止飞行。必要时，在确保地面安全的情况下，切断初导绳并立即降落。

（6）操作人员须经专业培训合格且取证后，方可上岗操作。连续多档一次跨越最大长度在 3000m 时至少由 2～3 人操作。

八悬翼无人机展放初级导引绳如图 4–20 所示。

图 4–20　八悬翼无人机展放初级导引绳

16. 牵引机和张力机操作人需注意哪些安全事项?

答:(1)操作人员应严格依照使用说明书要求进行各项功能操作,不应超速、超载、超温、超压或带故障运行。

(2)使用前应对设备的布置、锚固、接地装置以及机械系统进行全面的检查,并做运转试验。

(3)同时需按进入现场的基本要求,戴好安全帽等防护用品用具。

(4)操作人员站立位置宜使用绝缘胶垫(见图 4–21)。

图 4–21　张力机操作员使用绝缘脚垫

（5）对于使用频率较高的钢丝绳卷筒应定期检查槽底磨损状态，及时维修。

17. 使用放线滑车需注意哪些安全事项?

答：（1）放线滑车允许荷载应满足放线的强度要求，安全系数不宜小于 3。

（2）使用前应进行外观检查。带有开门装置的放线滑车，应有关门保险（见图 4–22）。

（3）放线滑车悬挂应根据计算导引绳、牵引绳的上扬严重程度，选择悬挂方法及挂具规格。

（4）转角塔（包括直线转角塔）的预倾滑车及上扬处的压线滑车应设专人监护。

图 4–22　放线滑车关门保险

18. 使用导线、地线连接网套时注意哪些事项?

答：（1）导线、地线连接网套的使用与所夹持的导线、地线规格相匹配。

（2）导线、地线穿入网套应到位。网套夹持导线、地线的长度不得少于导线、地线直径的 30 倍。

（3）网套末端应用铁丝通过常规码线法绑扎 2 道，每道绑扎不得少于 20 圈。

（4）导线、地线连接网套每次使用前，应逐一检查，不应使用有断丝的网套。

（5）较大截面的导线穿入网套前，其端头应做坡面梯节处理。施工过程中需要导线对接时宜使用双头网套。

19. 使用卡线器时有哪些注意事项?

答：首先所用的卡线器（见图 4–23）应与所夹持的线（绳）规

格相匹配。通过外观检查无裂纹、无弯曲变形、转轴灵活、钳口斜纹未磨平以及标识清楚。注意导线、地线（铝包钢）及导（牵）引绳使用卡线器有所不同，导线卡线器一般由铝合金制成，常规型号标识为 GK、SKL 等，且有适用范围。地线卡一般为钢制，常规型号标识为 SDK、SKDD、TK 等。导（牵）引绳卡线器称为方形钢丝绳卡线器，常规型号标识为 SKQ 等。一定要按卡线器上所标识及适用范围使用。

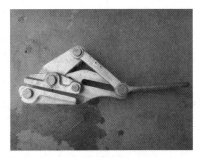

图 4–23　导线卡线器

20. 张力放线时注意哪些安全事项?

答:（1）牵、张设备的锚固要可靠，接地要良好。

（2）牵张段内的跨越架结构应牢固、可靠。

（3）放线区段内保持通信畅通，并设专人统一指挥。

（4）转角杆塔放线滑车的预倾措施和导线上扬处的压线措施要可靠。

（5）交叉、平行或邻近带电体的放线区段接地措施要符合施工作业指导书的安全要求。

（6）人员要站在牵引绳进入的主牵引机高速转向滑车与钢丝绳卷车的外角侧。

（7）牵引时接到任何岗位的停车信号均应立即停止牵引，停止牵引时应先停牵引机，再停张力机。恢复牵引时应先开张力机，再开牵引机。

（8）人员不应通过牵引中的牵/张力机进出口前方。

（9）牵引过程中发生导引绳、牵引绳或导线跳槽、走板翻转或平衡锤搭在导线上等情况时，应停机处理。

（10）导线的尾线或牵引绳的尾绳在线盘或绳盘上的盘绕圈数均应不少于 6 圈。

（11）导线或牵引绳带张力过夜应采取临锚安全措施。

（12）导引绳、牵引绳或导线临锚时，其临锚张力应大于对地距离为 5m 时的张力，同时应满足对被跨越物距离的要求。

21. 牵引场如何布置？

答：（1）牵引机一般布置在线路中心线上，顺线路布置。进线口应对准邻塔放线滑车，与邻塔边线放线滑车水平夹角不应大于 7°，大于 7° 应设置转向滑车。

（2）锚线地锚位置应在牵引机前约 5m 左右，与邻塔导线挂线点间仰角不得大于 25°。

（3）牵引机进线口与邻塔导线悬挂点的仰角不宜大于 15°，俯角不宜大于 5°。牵引机设置单独接地，牵引绳需使用接地滑车进行可靠接地。

（4）牵引机卷扬轮的受力方向与其轴线垂直。

（5）钢丝绳卷车与牵引机的距离和方位应符合机械说明书要求，且尾绳、尾线要避免磨线轴或钢丝绳。

22. 张力机及线轴架如何布置？

答：（1）张力机一般布置在线路中心线上，并顺线路布置。出线口对准邻塔放线滑车，与邻塔边线放线滑车水平夹角不应大于 7°。

（2）张力机要使用枕木垫平支稳，两点锚固。锚固绳与机身水平夹角应控制在 20° 左右，对地夹角应控制在 45° 左右。

（3）张力机出线口与邻塔导线悬挂点的仰角不宜大于 15°，俯角不宜大于 5°。张力机要设置单独接地。

（4）导、地线要使用接地滑车进行可靠接地。

（5）导、地线盘架布置在张力机后方 5m 左右，出线方向垂直于线轴中心线。

（6）张力机张力轮的受力方向须与其轴线垂直。

23. 钳压机压接时注意哪些安全事项？

答：（1）手动钳压机应有固定设施，操作时平稳放置，两侧扶线人应对准位置，注意手指不要伸入压模内。

（2）切割导线时线头应扎牢，防止线头回弹伤人。

24. 液压机压接应注意哪些事项？

答：（1）遵守 DL/T 5285—2013《输变电工程架空导线及地线液压压接工艺工程》的有关规定。

（2）使用前检查液压钳体与顶盖的接触口是否有裂纹。

（3）液压机起动后先空载运行，检查各部位运行情况，正常后方可使用。压接钳活塞起落时，人体避开压接钳上方。

（4）放入顶盖时，应使顶盖与钳体完全吻合，旋转到位后方可压接。

（5）液压泵操作人员应与压接钳操作人员密切配合，并注意压力指示，避免过荷载。

（6）液压泵的安全溢流阀避免随意调整，且不宜用溢流阀卸荷。

25. 高空压接施工需注意哪些安全事项？

答：（1）高空作业平台为耐张塔导线比量画印后空中断线、压接的专用搭载工具，需按安全工器具试验要求试验合格。

（2）平台两端防护栏杆用螺栓连接，以方便压接机和压钳进入平台，机具进入平台后把防护栏杆装上螺栓并予以紧固，且螺栓必须配置使用闭口销子。

（3）平台悬挂位置应使导线头能落在平台内，并需确保导线折弯幅度较小，悬挂位置根据不同耐张塔绝缘子金具串组装图分别予以确定。

（4）压接前应检查起吊液压机的绳索和起吊滑轮完好，位置设置合理，方便操作。

（5）液压机升空后应做好安全悬吊措施，起吊绳索作为二道保险，需做好防坠落和防跑线措施。

（6）压接时，依据作业指导书进行安全操作。

26. 前后过轮临锚施工有哪些安全注意事项?

答:（1）导线需从悬垂线夹中脱出翻入放线滑车中,并不应以线夹头代替滑车。

（2）锚线卡线器安装位置距放线滑车中心不小于 3~5m,通过横担下方悬挂的钢丝绳滑车在地面上用钢丝绳卡线器进行锚线,其受力以过轮临锚前一基直线塔绝缘子垂直或使锚线张力稍微放松使绝缘子朝前偏移不大于 15cm 为宜。

过轮临锚示意图如图 4-24 所示。

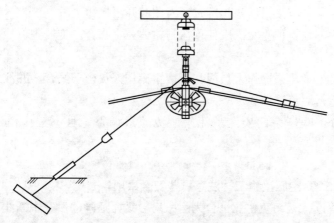

图 4-24　过轮临锚示意图

27. 导线、地线升空施工安全注意事项有哪些?

答: 导线、地线升空作业应与紧线作业密切配合并逐根进行,人员站在导线、地线的线弯外角侧的安全位置。升空作业应使用压线装置。压线滑车应设控制绳,钢丝绳回松应缓慢。升空场地在山沟时,升空的钢丝绳应有足够长度。

28. 紧线施工要注意哪些安全事项?

答:（1）杆塔的部件应齐全,螺栓应紧固。

（2）紧线杆塔的临时拉线和补强措施以及导线、地线的临锚应准备完毕。

（3）牵引地锚距紧线杆塔的水平距离应满足安全施工要求。地锚布置与受力方向一致，并埋设可靠。

（4）紧线档内的通信保持畅通。

（5）埋入地下或临时绑扎的导线、地线应挖出或解开，并压接升空。

（6）障碍物以及导线、地线跳槽等应处理完毕。

（7）分裂导线不得相互绞扭。

（8）各交叉跨越处的安全措施可靠。

（9）冬季施工时，导线、地线被冻结处应处理完毕。

（10）展放余线的人员不得站在线圈内或线弯的内角侧。

（11）挂线时，当连接金具接近挂线点时应停止牵引，然后作业人员方可从安全位置到挂线点操作。

（12）挂线后应缓慢回松牵引绳，在调整拉线的同时应观察耐张金具串和杆塔的受力变形情况。

耐张塔导线与金具对接示意图如图4–25所示。

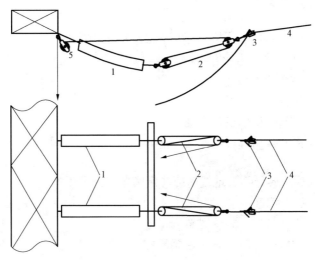

图4–25 耐张塔导线与金具绝缘子对接图

1—绝缘子串；2—8t滑车组（配10t U形环）；3—卡线器；4—导线；5—8t转向滑车

151

29. 紧线过程中监护人员需做哪些工作?

答:(1)远离悬空导线、地线的垂直下方。

(2)远离将离地面的导线或地线。

(3)监视行人远离牵引中的导线或地线。

(4)传递信号应及时、清晰,不得擅自离岗。

30. 耐张线夹安装要注意哪些事项?

答:(1)高处安装螺栓式线夹时,应将螺栓装齐拧紧后方可回松牵引绳。

(2)高处安装耐张线夹时,应采取防止跑线的可靠措施。

(3)在杆塔上割断的线头应用绳索放下。

(4)地面安装耐张线夹时,导线、地线的锚固应可靠。

31. 分裂导线的锚线作业注意哪些事项?

答:导线在完成地面临锚后应及时在操作塔设置过轮临锚,地面临锚和过轮临锚的设置应相互独立,工器具应满足各自能承受全部紧线张力的要求。

32. 放线、紧线与撤线作业时,工作人员站在哪些位置是安全的?

答:(1)避开已受力的牵引绳。

(2)导线的外角侧。

(3)避开展放的导(地)线。

(4)开始牵引的钢丝绳圈外。

(5)避开牵引绳或架空线的垂直下方。

33. 拆除旧导线、地线时应注意哪些安全事项?

答:(1)禁止带张力断线。

(2)松线杆塔做好临时锚固措施。

(3)旧线拆除时,采用控制绳控制线尾,防止线尾卡住。

34. 跨越不停电电力线路对"退出重合闸"有什么要求?

答:(1)跨越不停电电力线路在架线施工前,施工单位应向运维单位书面申请该带电线路"退出重合闸"，许可后方可进行不停电跨越施工。

（2）施工期间发生故障跳闸时，在没有取得现场指挥同意前，不应强行送电。

35. 被跨越的低压线路或弱电线路需要开断时有什么要求？

答： 应事先征得有关单位的同意。开断低压线路应遵守停电作业的有关规定。开断时应有防止电杆倾倒的措施。

36. 附件安装应注意哪些安全事项？

答：（1）附件安装前，作业人员对专用工具和安全用具进行外观检查，使用合格的工器具和安全用具。

（2）相邻杆塔错开同相（极）位安装附件，地面作业人员离开作业点垂直下方。

（3）提线工器具挂在横担的施工孔上提升导线。无施工孔时，承力点位置满足受力计算要求，并在绑扎处衬垫软物。

（4）附件安装时，安全绳或速差自控器应拴在横担主材上。安装间隔棒时，安全带挂在一根子导线上，后备保护绳应拴在整相导线上。

（5）在跨越电力线、铁路、公路或通航河流等的线段杆塔上安装附件时，采取防止导线或地线坠落的措施。

（6）在带电线路上方的导线上测量间隔棒距离时，使用干燥的绝缘绳。

导线附件安装如图 4-26 所示。

图 4-26　导线附件安装

37. 平衡挂线应注意哪些安全事项？

答：（1）平衡挂线时，避免在同一相邻耐张段的同相（极）导线上进行其他作业。

（2）待割的导线在断线点两端事先用绳索绑牢，割断后应通过滑车将导线松落至地面。

（3）高处断线时，作业人员站在放线滑车外操作。割断最后一根导线时，注意防止滑车失稳晃动。

（4）割断后的导线在当天挂接完毕。

（5）高空锚线有 2 道保护措施。

38. 跳线安装应注意哪些安全事项？

答：（1）编写专项施工方案，作业前通知监理旁站。

（2）作业前外观检查专用工具和安全用具，确认合格后可使用。

（3）临近电力线跳线安装时，挂设保安接地线将绝缘子串短接，防止感应电伤害，挂设保安接地线时，先挂接地端后挂导线端。

（4）上下瓷瓶串，使用下线爬梯和速差自控器。

（5）跳线压接时，液压泵操作人员与压钳操作人员密切配合，并注意压力指示，压力表应按期校验。

第四节 跨 越 施 工

1. 架线跨越作业安全防护设施有什么要求？

答：（1）架线跨越作业应搭设跨越架或承力索，跨越架搭设高度、宽度应满足要求，搭设强度应能承受发生断线或跑线时的冲击荷载。

（2）带电跨越时，跨越架或承力索封顶网应使用绝缘网和绝缘绳。

（3）跨越架需经取得相应资格的专业人员搭设，验收合格后使用。架体上应悬挂醒目的安全警示标志，并设专人看护。跨越铁路、公路时，跨越架应设置反光标志，跨越公路时，还应在跨越段前 200m 处设置限高提示。

2. 跨越架搭设和拆除应注意哪些安全事项？

答：（1）搭设跨越架应事先与被跨越设施的单位取得联系，必要时应请其派员监督检查。

（2）24m 以下的跨越架需编制作业指导书，受力经过计算，由有资质的专业队伍进行施工。24m 以上的跨越架需编制专项施工方案（含安全技术措施），附安全验算结果，经施工企业技术、质量、安全等职能部门审核，施工企业总工程师审批，并经项目总监理工程师签字后，由施工项目部总工程师交底，由有资质的专业队伍在专职安全管理人员现场监督下进行施工。且在搭设、拆除作业前通知监理。

（3）跨越架的中心需设在线路中心线上，宽度应考虑施工期间牵引绳或导地线风偏后超出新建线路两边线各 2.0m，且架顶两侧要设外伸羊角。

（4）跨越公路的跨越架，要在公路前方距跨越架适当距离设置提示标志。

（5）跨越架的立杆要垂直、埋深不应小于 50cm，跨越架的支杆埋深不得小于 30cm，水田松土等搭跨越架应设置扫地杆。跨越架两端及每隔 5～7 根立杆应设剪刀撑杆、支杆或拉线，确保跨越架整体结构的稳定。跨越架强度应足够，能够承受牵张过程中断线的冲击力。

（6）跨越架的立杆、大横杆及小横杆的间距符合方案要求。

（7）跨越架搭设完需打临时拉线，拉线与地面夹角小于 60°。应悬挂醒目的安全警告标志和搭设、验收标志牌。

（8）施工中应经常检查跨越架是否牢固。遇雷雨、暴雨、浓雾、五级以上大风时，应停止搭设作业。

（9）强风、暴雨过后需对跨越架进行检查，确认合格后方可使用。

（10）跨越架搭设经验收合格后方可使用，并悬挂醒目的安全标志牌和验收合格牌。

（11）附件安装完毕后，方可拆除跨越架。

（12）拆跨越架时自上而下逐根进行，架片、架杆需有人传递或绳索吊送。当拆跨越架的撑杆时，需要在原撑杆的位置绑手溜绳，避免因撑杆撤掉后跨越架整片倒落。拆除跨越架时应保留最下层的撑杆，待横杆都拆除后，利用支撑杆放倒立杆，做好现场安全监护。

（13）其他跨越架的搭设和拆除可参照执行。

10kV 跨越架搭设、110kV 跨越架封网、铁路跨越架搭设如图 4–27～图 4–29 所示。

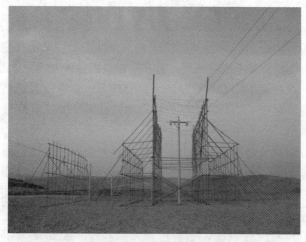

图 4–27　10kV 跨越架搭设

图 4–28　110kV 跨越架封网

图 4-29 铁路跨越架搭设

3. 木质、毛竹、钢管跨越架应注意哪些安全事项？

答：（1）木质跨越架所使用的立杆有效部分的小头直径不得小于 70mm，60～70mm 的可双杆合并或单杆加密使用。横杆有效部分的小头直径不得小于 80mm。

（2）木质跨越架所使用的杉木杆，应无木质腐朽、损伤严重或弯曲过大等情况。

（3）毛竹跨越架的立杆、大横杆、剪刀撑和支杆有效部分的小头直径应选 75mm 的，50～75mm 的可双杆合并或单杆加密使用。小横杆有效部分的小头直径宜选用 50mm。

（4）毛竹跨越架所使用的毛竹，应无青嫩、枯黄、麻斑、虫蛀以及裂纹长度超过一节以上等情况。

（5）木、竹跨越架的立杆、大横杆应错开搭接，搭接长度宜在 1.5m 以上，绑扎时小头应压在大头上，绑扣宜在 3 道以上。立杆、大横杆、小横杆相交时，应先绑 2 根，再绑第 3 根。

（6）木、竹跨越架立杆均应垂直埋入坑内，杆坑底部应夯实，埋深宜在 0.5m 以上，且大头朝下，回填土应夯实。遇松土或地面无法挖坑时应绑扫地杆。跨越架的横杆应与立杆成直角搭设。

（7）钢管跨越架宜用外径 48～51mm 的钢管，立杆和大横杆应错开搭接，搭接长度宜在 0.5m 以上。

（8）钢管跨越架所使用的钢管，应无弯曲严重、磕瘪变形、表面有严重腐蚀、裂纹或脱焊等情况。

（9）钢管立杆底部应设置金属底座或垫木，并设置扫地杆。

（10）跨越架两端及每隔 6~7 根立杆应设置剪刀撑、支杆或拉线。拉线的挂点或支杆或剪刀撑的绑扎点应设在立杆与横杆的交接处，且与地面的夹角控制在 60°以内。支杆埋入地下的深度宜在 0.3m 以上（见图 4-30）。

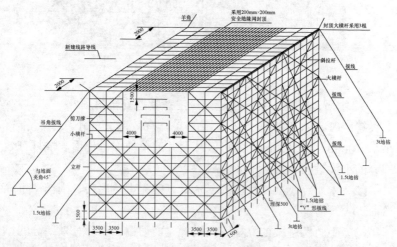

图 4-30　跨越架部位介绍

4. 无跨越架跨越线路需注意哪些安全事项？

答：（1）编制专项施工方案，施工单位还需组织专家进行论证、审查，且在作业前通知监理旁站。

（2）施工前应向被跨越管理部门申请跨越施工许可证、办理相关手续。

（3）施工前进行工器具试验及外观检查，选用合格的工器具。

（4）架设及拆除防护网及承载索应在晴好天气进行，所有绳索应保持干净、干燥状态，施工前应对承载索、拖网绳、绝缘网、导引绳进行绝缘性能测试。

（5）随时调整承载索对被跨越物的安全距离，及时反馈牵引情况，保证牵引绳和导地线及走板不触及防护网，夜间需加强看护跨越设施。

5. 跨越主通航河流、海上主航道有哪些安全注意事项？

答： 除应遵守以上跨越要求外，需在海事局监督配合下组织跨越施工，并配备充足的救生器材设备。

第五章 电 缆 线 路

第一节 施 工 准 备

1. 施工班组开工前的安全组织措施有哪些?

答: 工程开工前,施工单位要对施工班组做好安全、技术交底。施工前,召开现场站班会,做到"三交、三查",交待工作任务和安全措施,落实风险告知,检查安全措施执行情况,按要求进行全过程录音。

2. 如何安全地进、出入电缆沟道、隧道?

答: (1)开启电缆井盖、电缆沟盖板及电缆隧道人孔盖时,使用专用工具。

(2)开启后设置标准路栏,并派人看守。

(3)电缆井内工作时,不能只打开一只井盖(单眼井除外)。

(4)进入工井、隧道前,使用通风设备排除有毒有害和易燃气体,用气体测试报警仪进行检测,并做好记录,检测过程中要确保人员安全。

(5)电缆井、电缆沟及电缆隧道中有施工人员时,不能移动或拆除进出口的爬梯。

(6)施工人员撤离电缆井或隧道后,立即将井盖盖好。

3. 电缆工井、沟道、隧道作业前,施工区域要采取哪些安全措施?

答: (1)工井、电缆沟作业前,施工区域要设置标准路栏,夜间施工还要使用警示灯。

（2）无盖板的电缆沟、沟槽、孔洞，以及放置在人行道或车道上的电缆盘，要设遮栏和相应的交通安全标志，夜间设警示灯（见图 5-1）。

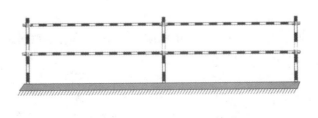

图 5-1　现场安全措施

4. 电缆改建施工应做好哪些准备工作？

答：（1）已建工井、排管改建作业应编制相关改建方案并经运维单位备案。

（2）改建施工时，使用电缆保护管对运行电缆进行保护，将运行电缆平移到临时支架上并做好固定措施，面层用阻燃布覆盖，施工部位和运行电缆做好安全隔离措施，确保人身和设备安全。

第二节　电　缆　土　建

1. 基槽开挖时的一般安全措施有哪些？

答：（1）基槽坑边设围栏及警告标志，夜间设红灯示警，围栏离坑边不能小于 0.8m。

（2）坑边 1m 以内不要堆放材料、工具、堆土，以免坠物伤人，并视土质情况，留有安全边坡。

（3）施工机械应接地良好，由专业人员进行接线操作，非操作人员不得操作。操作人员应带绝缘手套等必备的安全防护用品。

2. 沟槽开挖采用钢板桩支护应遵守哪些安全技术措施？

答：采用钢板桩支护时，应选用适合现场土质的钢板桩型号，入土深度与沟槽深度之比不小于 0.35，水平支撑间距不大于 2m。打压钢板桩使用专用夹具、专用机械，必须顺直插入钢板桩，严禁使用歪曲变形的钢板桩（见图 5-2）。

图 5-2　钢板桩支护

3. 夜间施工应采取哪些安全措施？

答：夜间施工，施工范围内保持足够的照明，施工地点应设置警示灯，防止行人或车辆等误撞封闭设施，工作结束应立即恢复道路交通相关措施。

4. 顶管施工工作井应设置哪些安全措施？

答：工作井四周应设置符合要求的护栏和安全指示灯，井内应设置符合要求的爬梯或步梯。工作井内安装管径 2m 及以上的工具管、顶管机时，应搭设符合要求的作业平台（见图 5-3）。

图 5-3　工作井

5. 顶管施工时，管道内应采取哪些安全措施？

答：施工时应改善管道内的工作环境，选用合适的通风方式及通风设备，保证适宜的通风量。作业场所及通道必须有照明设备，满足最低照度要求。通道内渗漏、遗洒的液压油和各种浆液、可燃物等应及时处理，保持作业环境清洁，避免堵塞排污管道和污染地下水，避免引起火灾（见图 5-4）。

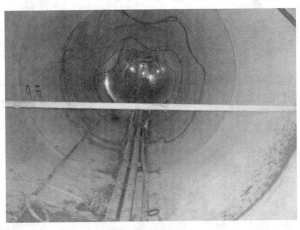

图 5-4　顶管照明

6. 隧道顶管顶进时，作业人员应采取哪些安全措施？

答：顶管顶进过程中，严禁施工人员站在顶铁上或两侧。进行竖向运输作业时，必须停止顶进作业。一个顶进段结束后，管道与周边土壤间的缝隙，应及时填充注浆（见图5-5）。

图5-5　顶管顶进作业

7. 暗挖隧道开挖时，应注意哪些安全问题？

答：开挖过程中，施工人员应随时观察井壁和支护结构的稳定状况，发现井壁土体出现裂缝、位移或支护结构出现变形坍塌征兆时，必须立即停止作业，人员撤至安全地带，经处理确认安全后方可继续作业。

8. 隧道穿越不良地层时，应注意哪些安全问题？

答：在穿越含有淤泥、腐殖物、有机物等可能含有有害气体的地层时，必须慎重处理。确定含有有害气体时，必须采取措施使隧道内的氧气浓度不低于允许极限，有害气体浓度处于安全范围。

第三节　电　缆　敷　设

1. 怎样安全地装、卸电缆盘？

答：（1）电缆装、卸车要使用吊车进行，现场负责人根据电缆轴的重量、规格、材质、结构等情况选择合适的吊车和钢丝绳套（见图5-6）。

图 5-6　电缆装卸

（2）装、卸车时吊车要支撑平稳，并设专人指挥，其他作业人员不能随意指挥吊车司机，遇到紧急情况时，任何人员都有权发出停止作业的信号。

（3）运输车上的挂钩人员在挂钩前，应先将其他电缆盘用木楔等物品固定后方可起吊。

（4）车下人员在电缆盘吊移过程中，不得站在吊臂和电缆盘下方，只有在电缆盘将要落地时方可扶持电缆盘，此时作业人员还要防止压脚事故发生。

2. 运输电缆盘时，要做好哪些措施？

答：（1）电缆盘上的电缆头要固定牢固（见图 5-7）。

图 5-7　电缆运输

（2）顺电缆盘的滚动方向必须用木楔掩牢，并将电缆盘绑扎牢固。

（3）押运人员要乘坐在驾驶室内，车厢和电缆盘上不允许坐人。

3. 在现场怎样搬运和滚动电缆盘？

答：（1）运至现场的电缆盘，不得使用跳板滚动卸车，或用直接将电缆盘推下的方式进行卸车。

（2）滚动电缆盘的地面应平整，并应确保电缆盘结构牢固，滚动方向要顺着电缆的缠绕方向，破损电缆盘不应滚动。在地面条件不满足搬运条件时，应采取必要措施，确保电缆盘搬运和滚动安全。施工现场负责人、技术人员、安全员应在电缆盘搬运及滚动过程进行全程安全监督。

（3）电缆盘转角度移动时，要使用符合安全要求的工器具进行。

4. 敷设电缆前，一般要检查些什么？

答：（1）电缆敷设施工前，施工单位应组织相关人员踏勘现场，确定适宜的敷设方案，编制作业指导书，确保牵引力、侧压力、弯曲半径等符合电缆敷设要求。

（2）检查电缆沟及电缆夹层内是否清理干净，做到无杂物、无积水。

（3）检查所使用的工器具是否完好、齐备。

（4）检查架空电缆、竖井作业现场是否已设置围栏，并对外悬挂了安全警示标志。

5. 在工井、隧道内工作时的安全技术措施是什么？

答：（1）工井作业时，不能只打开一只井盖（单眼井除外）。井盖开启后，井口应设置"井圈"，设专人监护。工作人员全部撤离后，应立即盖好井盖，以免行人摔跌或不慎跌入井内。

（2）工井、隧道内有人工作时，通风设备必须保持运转，保持空气流通。在人员全部撤离后，通风设备方可停止运转。

（3）上、下工井应使用扶梯或爬梯，放置扶梯时还应避免损伤井下电缆。井内有人工作时，不得将扶梯移开（敷设工作除外）。

（4）工井内使用移动照明灯具时应采取安全电压（不高于36V），进入潮湿的工井内一定要穿上绝缘靴。

6. 对电缆放线支架有什么要求？

答：（1）电缆敷设应按规定搭设电缆放线架，电缆放线架经检验合格后方可投入使用。

（2）电缆放线架放置要牢固平稳，满足安全敷设电缆要求，并设专人监护（见图5-8）。

（3）电缆盘钢轴的强度和长度应与电缆盘重量和宽度相匹配。

7. 电缆敷设时有哪些安全注意事项？

答：（1）电缆敷设时，要派专人指挥电缆敷设施工，并确保现场通信联络畅通（见图5-9）。

图5-8　电缆放线架　　　　　图5-9　专人指挥

（2）电缆盘上要配有可靠的制动装置，施工人员在作业过程中，应随时防止电缆敷设速度过快，严防电缆盘倾斜、偏移，并做好电缆盘正下方与地面之间的相关保护措施。

（3）电缆敷设过程中，转弯处应设专人监护，在转弯和进洞口前，应放慢牵引速度，调整电缆展放的形态，当发生异常情况时，应立即停止牵引，经处理后方可继续工作（见图5-10和图5-11）。

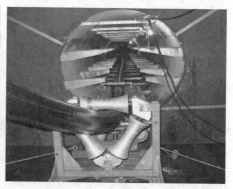

图 5-10　电缆转角敷设　　　图 5-11　电缆洞口敷设

（4）电缆通过空洞或楼板时，两侧要设有监护人，入口处应采取措施防止电缆被卡，并不得伸手，防止被带入孔中。

8. 机械牵引电缆时的安全要求是什么？

答：（1）牵引绳的安全系数不得小于 3。

（2）施工人员不得站在牵引钢丝绳内角侧。

9. 输送机敷设电缆时的安全要求是什么？

答：（1）所有敷设设备应固定牢固（见图 5-12）。

图 5-12　电缆敷设

（2）作业人员应遵守有关操作规程，并站在安全的位置，发生故障应停电处理。

10. 用滑轮敷设电缆时的安全要求是什么?

答: 作业人员应站在滑轮前进方向,不能在滑轮滚动时用手搬动滑轮(见图 5–13)。

图 5–13　手搬滑轮

11. 直埋电缆敷设时的安全要求是什么?

答: (1)直埋电缆敷设应确保直埋电缆的深度满足要求,电缆回填土、保护盖板、警示带等应符合规范要求(见图 5–14)。

图 5–14　电缆直埋

（2）施工过程中，施工人员应站在安全的区域进行施工作业，不能站在沟边堆土的斜坡上。

12. 充油电缆敷设时的安全要求是什么？

答： 在进行充油电缆敷设施工时，应按充油电缆施工特性，做好相关安全技术措施，确保充油电缆的压力油箱、油管、阀门和压力表安装符合规定要求。

13. 隧道、排管敷设电缆时有哪些安全注意事项？

答：（1）隧道、排管电缆敷设应按要求做好电缆排管疏通检查工作（见图 5-15）。

图 5-15　电缆排管

（2）按设计要求摸清管孔位置，确保敷设路径管孔内畅通，且没有损伤电缆的尖刺和杂物等（见图 5-16）。

图 5-16　排管检查

（3）电缆敷设完成后，应按设计要求进行防火处理（见图 5-17）。

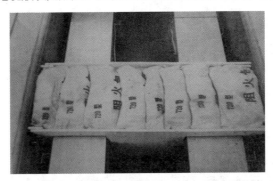

图 5-17 防火处理

14. 电缆穿入带电盘柜时有哪些安全注意事项？

答：（1）电缆穿入带电的盘柜前，电缆端头应做绝缘包扎处理。

（2）电缆穿入时盘上应有专人接引，严防电缆触及带电部位及运行设备（见图 5-18）。

图 5-18 电缆入柜

15. 用其他不同方式、在不同区域敷设电缆时的安全注意事项有哪些？

答：（1）人工展放电缆、穿孔或穿导管时，作业人员手握电缆的位置应与孔口保持适当距离。

（2）在进行高落差电缆敷设施工时，应进行相关验算，采取必要的措施防止电缆坠落。

（3）进入带电区域内敷设电缆时，应取得运维单位同意，办理工作票，并设专人监护。

（4）使用桥架敷设电缆前，桥架应经验收合格。高空桥架宜使用钢质材料，并设置围栏，铺设操作平台（见图5-19）。

（5）高空敷设电缆时，若无展放通道，应沿桥架搭设专用脚手架，并在桥架下方采取隔离防护措施。若桥架下方有工业管道等设备，应经设备方确认许可（见图5-20）。

图 5-19　桥架敷设

图 5-20　高空敷设

第四节　电　缆　接　头

1. 电缆头制作的"动火"安全要求是什么？

答：（1）电缆施工需动火时应开具安全施工作业票，落实动火安全责任和措施。

（2）作业场所 5m 内应无易燃易爆物品，且通风良好（见图 5-21）。

（3）检查火焰枪气管和接头是否密封良好（见图 5-22）。

（4）使用火焰枪、喷枪加热时，应适当远离热缩管，加热应缓慢均匀，避免损伤热缩管。

（5）做完电缆头后应及时灭火并清除现场的杂物。

（6）现场还应配备合适的消防器材。

图 5-21　电缆头制作场所　　　　图 5-22　检查接头密封

2. 怎样安全地进行电缆终端头施工？

答：（1）在电缆终端施工区域下方应设置围栏或采取其他保护措施，禁止有无关人员在作业点下方通行或逗留。

（2）进行电缆终端的瓷质绝缘子吊装时，要采取可靠的绑扎方式，防止瓷质绝缘子倾斜，并在吊装过程中做好相应的安全措施。

（3）制作环氧树脂电缆头和调配环氧树脂作业过程中，应在通风良好地方进行，并采取有效的防毒和防火措施。

3. 使用携带型火炉或喷灯施工时的安全要求是什么？

答：（1）火焰与带电部分的安全距离：电压在 10kV 及以下者，应大于 1.5m。电压在 10kV 以上者，应大于 3m。

（2）不得在带电导线、带电设备、变压器、油断路器附近以及在电缆夹层、隧道、沟洞内对火炉或喷灯加油、点火。在电缆沟盖板上或旁边进行动火工作时需采取必要的防火措施。

4. 怎样安全地进行新旧电缆对接和开断电缆作业？

答：（1）新旧电缆对接，锯电缆前应与电缆走向图图纸核对相符，并使用专用仪器（如感应法）确切证实电缆无电压后，用已接地的、带绝缘柄的铁钎钉入电缆芯后，方可作业。

（2）扶绝缘柄的人员应戴绝缘手套并站在绝缘垫上，并采取防灼伤措施（如戴防护面具等）。

（3）使用远控电缆割刀开断电缆时，刀头应可靠接地，周边其他作业人员应临时撤离，远控操作人员应与刀头保持足够的安全距离，防止弧光和跨步电压伤人。

5. 怎样在工井和隧道内安全安装电缆中间接头？

答：（1）工井内进行电缆中间接头安装时，应将压力容器摆放在井口位置，不能放置在工井内。

（2）隧道内进行电缆中间接头安装时，压力容器应远离明火作业区域，并采取相关安全措施。

（3）对施工区域内临近的运行电缆和接头，应采取妥善的安全防护措施加以保护，避免影响正常的施工作业。

第五节 电 缆 试 验

1. 电缆耐压试验前采取什么安全措施？

答：（1）电缆耐压试验前，要对设备充分放电，并测量绝缘电阻。

（2）加压端要做好安全措施，防止人员误进入试验场所。另一端应设置围栏并挂上警告标志牌。如另一端在杆上或电缆开断处，应派人看守。

（3）试验区域、被试系统的危险部位或端头应设临时遮栏，悬挂"止步，高压危险！"标志牌。

（4）被试电缆两端及试验操作应设专人监护，并保持通信畅通。

（5）连接试验引线时，应做好防风措施，保证与带电体有足够的安全距离。

（6）更换试验引线时，应先对设备充分放电。

2. 试验中的高压引线及高压带电部件至邻近物体及遮栏的安全距离各是多少？

答：（1）试验电压为 200kV，安全距离应大于 1.5m。

（2）试验电压为 500kV，安全距离应大于 3.0m。

（3）试验电压为 7500kV，安全距离应大于 4.5m。

（4）试验电压为 1000kV，安全距离应大于 7.2m。

（5）试验电压为 1500kV，安全距离应大于 13.2m。

3. 电缆试验过程中有哪些安全注意事项？

答：（1）电缆试验过程中，作业人员应戴好绝缘手套并穿绝缘靴或站在绝缘垫上。

（2）电缆耐压试验分相进行时，另外两相应可靠接地。

（3）电缆试验过程中发生异常情况时，应立即断开电源，经放电、接地后方可检查。

（4）遇有雷雨及六级以上大风时应停止高压试验。

4. 电缆试验结束后要采取什么安全措施？

答：电缆试验结束后，应对被试电缆进行充分放电，并在被试电缆上加装临时接地线，待电缆尾线接通后方可拆除。